U0348228

开封市

品牌农产品消费指南

中国农业科学技术出版社

图书在版编目（CIP）数据

开封市品牌农产品消费指南 / 开封市农产品质量安全检测中心编 . -- 北京：中国农业科学技术出版社，2022.1

ISBN 978 - 7 - 5116 - 5662 - 9

Ⅰ . ①开… Ⅱ . ①开… Ⅲ . ①农产品—品牌营销—开封—指南 Ⅳ . ① F724.72-62

中国版本图书馆 CIP 数据核字（2021）第 275714 号

责任编辑	崔改泵　周丽丽
责任校对	李向荣
责任印制	姜义伟　王思文

出 版 者	中国农业科学技术出版社
	北京市中关村南大街 12 号　邮编：100081
电　　话	（010）82109194（编辑室）（010）82109702（发行部）
	（010）82109709（读者服务部）
传　　真	（010）82109194
网　　址	http: // www.castp.cn
经 销 者	各地新华书店
印 刷 者	北京捷迅佳彩印刷有限公司
开　　本	185 mm×260 mm　　1/16
印　　张	12
字　　数	290 千字
版　　次	2022 年 1 月第 1 版　2022 年 1 月第 1 次印刷
定　　价	80.00 元

《开封市品牌农产品消费指南》
编委会

主　　编　　党增青

统筹主编　　周晓浦

副 主 编　　刘　明　　李艳珍　　朱卫红　　路丽莎

参编人员　　（按姓氏笔画排序）

王向杰　　王彦芳　　王苏刚　　王文静　　乔慧芳　　江　虹

刘　洋　　刘东英　　刘翠英　　孙　辉　　许金魁　　豆志培

李　洁　　李守仁　　张　英　　武明昆　　郑　辉　　赵　萌

赵　扬　　赵亚男　　郭志刚　　夏志伟　　曹　杰　　寇光辉

鹿　青　　靳书瑞　　蔡　娜　　潘俊强

绿色食品，是指产自优良生态环境、按照绿色食品标准生产、实行全程质量控制，并获得绿色食品标志使用权的安全、优质食用农产品及相关产品。

农产品地理标志，是指标示农产品来源于特定地域，产品品质和相关特征主要取决于自然生态环境和历史人文因素，并以地域名称冠名的特有农产品标志。

全国名特优新农产品，是指在特定区域内生产，具备一定生产规模和商品量，具有显著地域特征和独特营养品特色，有稳定的供应量和消费市场、公众认知度和美誉度高，并经农业农村部农产品质量安全中心登录公告和核发证书的农产品。

农业高质量发展是我国经济社会高质量发展的重要组成部分，有着深远的基础性与战略性意义。农产品品牌工作的推进，是促进农业品牌化建设、助推农业高质量发展的强大动力。近年来，开封市始终牢记习近平总书记视察开封时的殷殷嘱托，把学习贯彻习近平总书记关于"三农"工作的重要论述摆在突出重要的位置，守正创新、强基补短，坚持以市场为导向，以推动农业供给侧结构性改革为主线，大力实施"质量兴农、绿色兴农、品牌强农"战略，以绿色食品、农产品地理标志和全国名特优新农产品培育与申报为重点，狠抓农业品牌建设工作，农业效益显著提高，产业发展模式更加优化成熟，农民增收渠道持续拓宽，现代农业的生产体系、经营体系、产业体系基本形成，在2020年河南省农业品牌建设排名中，开封市以获证总数第一、县区均值第一，稳居全省第一方阵，为开封市农业高质量发展注入了新元素。

为促进公众对农业品牌和获证农产品的认识，提高开封市绿色食品、农产品地理标志和全国名特优新农产品的知名度，引导公众的品质农产品消费理念，满足生产经营者和消费者的信息需要，进而提升开封市优质农产品的市场占有量，并以此来进一步激励农业生产经营主体开展规范化生产的主动性、积极性，达到"品质有保证、市场有需求、需求促品质"的目的，开封市农产品质量安全检测中心特组织编写了《开封市品牌农产品消费指南》一书。

本书共搜集和整理了开封市农产品地理标志登记 10 个、全国名特优新农产品 30 个、绿色食品 92 家企业（合作社）197 个产品的历史渊源、区域特色、品质特性、推荐储藏、食用方法和市场采购信息等内容，以期达到帮助生产经营主体拓宽产品销售渠道、为消费者提供高品质农产品消费信息和进一步提升开封市整体农业品牌形象的多重效果。

因水平有限，书中不妥之处在所难免，敬请谅解。

开封市农产品质量安全检测中心

2021 年 10 月

目 录

农产品地理标志

全国名特优新农产品

绿色食品

开封市
品牌农产品消费指南

农产品地理标志

一、杞人忧国忧民忧天下　杞县大蒜福民泽后世

　　杞县，是开封市辖县，历史悠久，夏朝时期的杞国曾在此建都立国长达 1 500 余年。据《大戴礼记·少间篇》记载，商汤灭夏后，将夏王室姒姓一些遗族（大禹的直系后裔）迁到杞国（今杞县一带），后几度兴灭迁徙，虽多经磨难、少有辉煌，仍心系天下。《列子·天瑞》中"杞人忧天"的故事，就蕴含了造福于民、泽被后世的奉献精神，积极进取、勇于探索的开拓精神和忧国忧民的忧患意识。杞县是农业大县，素有"中原粮仓"之美称，向来以丰富的农产品内销和出口，延续其造福于民、泽被世界的奉献精神，其中杞县大蒜为其众多优质农产品中一朵奇葩。

　　大蒜，根据蒜瓣的大小分为大瓣种和小瓣种，但其功用相似。《汉语大字典》载："大蒜种西汉时从西域传入。小蒜种由山蒜移栽，从古已有。"汉代延笃《与李文德书》文中说："折张骞大宛之蒜，歃晋国郇瑕之盐。"鉴于张骞当时名气之盛，尤其其所带传入内地之物种也应颇负盛名，延笃所写当较为接近事实。也许由此可见大蒜当由张骞传入内地，源头应为西域之大宛，即今中亚乌兹别克斯坦的费尔干纳盆地一带。至于现今的大蒜是张骞引进之蒜，还是由我国自古有之的小蒜长期培育而来，虽不得而知，但蒜已经成为人们须臾不可离开的健身治病之宝是不争之事实。

蒜能医病且效果神奇，古今中外多有记载。《三国志·魏书·方技传》有华佗以蒜治病记载："佗行道，见一人病咽塞，嗜食而不得下，家人车载欲往就医。佗闻其呻吟，驻车往视，语之曰：'向来道边有卖饼家蒜齑大酢（cù，同"醋"）'，从取三升①饮之，病自当去。'即如佗言，立吐蛇（蛔虫）一枚。"相传古埃及人在建造金字塔的民工饮食中每天必加大蒜，用于增加力气，预防疾病。印度医学的创始人查拉克说："大蒜除了讨厌的气味之外，其实际价值比黄金还高。"现代医学认为，大蒜生辛热、熟甘温、有小毒，具有杀虫除湿、温中消食、清热解毒、破恶血、止痛等功效，对治疗痈肿疔毒、水气肿满、腹泻痢疾、腹中冷痛等症均有疗效。美国癌症组织认为，全世界最具抗癌潜力的植物中，位居榜首的就是大蒜。

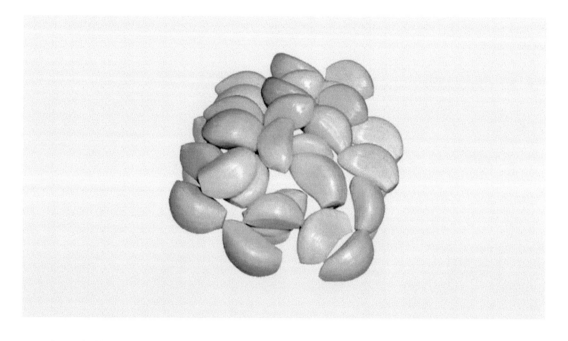

杞县大蒜，个大瓣大、蒜肉洁白、鲜美爽脆、辛辣味香，且大蒜中富含碳水化合物、蛋白质、氨基酸、维生素、大蒜素等，集100多种药用和保健成分于一身。"杞县大蒜"的品质，不仅取决于当地自然条件（杞县地处开封东南、黄淮平原腹地，这里土壤肥沃，雨量适宜，适合大蒜生长），也与当地人民的努力分不开，他们实行良种选育、科学种植与病虫害防治等标准化生产，生产出与众不同的大蒜。2009年，"杞县大蒜"获得农业部农产品地理标志保护登记。目前，杞县大蒜种植面积、产量居全国第二位。2015年全县大蒜面积已达45万亩，年产大蒜67.5万t，冷储40万t，远销日本、欧美、南美、东南亚等30多个国家和地区，产值达47.25亿元，带动相关产业产值14亿元。

---

① 东汉1升≈200 mL。

二、傲霜怒放齐争艳　开封菊花冠群芳

　　开封菊花，河南省开封市特有农产品，2009年获农业部农产品地理标志保护登记。开封菊花享誉全国，不但花朵均匀肥大、花色姹紫嫣红、花叶深绿肥厚、花株丰满匀称，而且具有生产健壮、无病虫害、品种多样、耐运输、花期长、造型丰富逼真等显著品质特征，曾多次在全国菊展和其他各类花卉赛事中获得众多殊荣，赢得了"开封菊花甲天下"的美誉。开封市已被评为全国唯一的"中国菊花名城"，菊花已经成为开封一张亮丽的名片。

　　菊花是我国传统名花之一，在我国有着悠久的栽培历史。在东周《大戴礼记·夏小正》中就有："九月荣鞠，鞠草也，鞠荣而树麦，时之急也"的条文，这里的"鞠"即指的是菊花，至今已有近3 000年的历史。菊花作为观赏花卉始于东晋，东晋诗人陶渊明（约365—427年）喜爱菊花，他的"采菊东篱下，悠然见南山"成为千古名句。在宋代，我国菊花发展进入兴盛时期，大量菊花专著的出现就是很好的佐证。在宋代菊花发展的基础上，明清时期的发展达到极盛。

　　菊花千姿百态，五彩缤纷，且具有很高的实用价值，并因其独特的"宁可枝头抱香死，何曾吹落北风中"的迎寒吐蕊、傲霜怒放的气节，每每被古今文人学士所歌颂，也为我国历代人民所喜爱。

　　开封，作为历史名城，菊花是她悠久文化的重要组成部分。自古以来，开封爱菊、种菊、赏菊、斗菊、咏菊之风盛行。唐代诗人刘禹锡曾描述开封菊花："家家菊尽黄，梁园独如霜"。至宋代，开封菊花已驰名全国。暮秋时节，各地名菊荟萃于此，一比高低。《东京梦华录》载："九月重阳，都下赏菊……无处无之。"足见当时菊风之一斑。爱菊者众，遂育成风，又反过来推动养菊技术和赏菊水平的提高。更值得一提的是当时出现世界上第一部菊花专著《菊谱》，收集菊花品种 35 个。明代诗人李梦阳曾来汴赏菊，并赋诗一首："万里游燕客，十年归此台。只今秋色里，忍为菊花来。"在开封禹王台公园的乾隆御碑中，至今还可看到"枫叶梧青落，霜花菊白堆"的诗句。正因为菊花与开封人民的不解之缘，菊花傲霜怒放、尽展风姿的品格也成为开封备受推崇的城市精神。

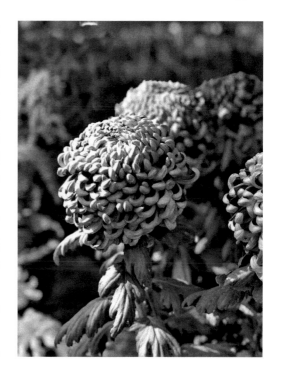

开封属温暖大陆性季风气候，四季分明，气候温和、降水适中。夏季光照充足、雨量充沛，有利于菊花生长，秋季凉爽和短日照有利于菊花花芽分化。开封土质疏松透气，土壤肥沃，平均 pH 值为 7.7，适合菊花的生长。在不断地菊花种植实践中，还形成了一套具有开封特色的栽培技术，并得到了国内外专家的广泛认可。开封的菊花事业兴旺发达，当前已经成为我国最重要的菊花栽培中心之一。1983 年开封市第七届人大常委会第十七次会议决定把菊花命名为"市花"，确定了每年举办"菊花花会"，充分展示开封人高超的菊花栽培技艺，展示开封人对于菊花之美的深刻领悟。菊花花会已成为开封的重要节会和传播开封文化、扩大交流、宣传开封的重要平台，为开封经济、文化的发展起到了推动作用。

菊花是开封市花，开封人喜爱菊花，养菊之风蔚然，全市各大公园都设有菊花基地。此外，市区还分布着众多的由个体养菊能手建立的菊花基地，特别是南郊魁庄，它于 1999 年被国家林业局命名为"菊花之乡"。开封市于 2000 年被中华人民共和国年鉴社《中国土特名产年鉴》收录为"菊花之乡"。开封菊花以繁多的品种优势和高超的养菊技术吸引了全国各地的养菊工作者，他们纷纷慕名来到开封购买菊花种苗，交流菊艺。每到金秋十月，全市机关、学校、工厂、商店、大街小巷，到处都是盛开的菊花。花海人潮，五彩缤纷，四海宾朋，纷至沓来。漫步在这座文化古城，到处都是鲜艳夺目的菊花，闻到的是沁人心脾的菊香。

开封具有菊花栽培的优越自然条件、悠久栽培历史，深厚文化底蕴，经过多年的积累，开封菊花产业作为"朝阳产业"已呈现出蓬勃发展的势头，逐渐走进市民生活，走进城市园林绿化，走进茶用、药用、酿用等副产品开发领域。就种植技术来讲，开封菊花造型独特，一直处于领先水平，并具有不可替代的优势。开封菊花已经成为一个价值品牌，一张亮丽名片，走出国门，享誉世界。

三、碧蔓凌霜卧软沙　汴梁西瓜甲天下

西瓜，陪伴开封人已逾千年。西瓜之于开封，就如同一首传唱了千年的童谣，每到夏季，开封城树荫下、院落里无不弥漫着西瓜甜甜的味道。无论男女老幼，都会把在炎热的季节里吃上一口脆甜的沙瓤西瓜当成沁人心脾的享受。

"萧山石榴砀山梨，汴梁西瓜甜到皮。"这句民谚已经流传了上百年。据记载，西瓜在开封的种植历史非常悠久，可以追溯到千年以前的宋代。宋孝宗乾道六年（公元 1170 年），南宋诗人范成大奉命出使金国，8 月到达北宋旧京城开封时正值西瓜上市。在一片瓜田，范成大难却瓜农盛情，几块下肚，顿觉暑意全消，便欣然为瓜农赋诗《西瓜园》一首："碧蔓凌霜卧软沙，年来处处食西瓜。形模濩落淡如水，未可蒲萄苜蓿夸。"前一句描述西瓜盘藤、喜沙土的生长特性，后一句反映出在宋代时，起码在北宋东京城吃西瓜已属寻常之事。这也许是世上流传下来的唯一为开封西瓜题的诗。

西瓜讨人喜爱缘于其是难以替代的消暑佳品。由于古代交通之不便，对于北方人来说，南方累累夏果只能可望而不可及，西瓜自然而然地就成了北方人盛夏解渴首选佳品。历代文人骚客以西瓜为题的吟咏就充分反映了人与西瓜的不解之缘。元人赵善庆在题为《西洋瓜》的诗中写道："竟传异种远难详，且剖寒浆自在尝。因产西方皆白色，为来中土尽黄瓤。"看来这位诗人对西瓜的来历比较了解。明代诗人李东阳在《如贤馈西瓜及槟榔》诗中写道："汉使西还道路赊，至今中国有灵瓜。"这两句也写出了西瓜的来历，比赵善庆更进了一步，指出是汉朝使者从西域带回，西瓜称谓也就有了来历。有考据的，更多的是写吃西瓜的感受的。清初词人陈维崧有一首《洞仙歌·西瓜》词称得上是古代咏西瓜诗词中的精品："嫩瓤凉瓠，正红冰凝结。绀唾霞膏斗芳洁。傍银床，牵动百尺寒泉。缥色映，恍助玉壶寒彻。"读后令人油然产生馋涎欲滴之感。元代诗人方夔的《食西瓜》一首更耐人寻味："恨无纤手削驼峰，醉嚼寒瓜一百筒。缕缕花衫粘唾碧，痕痕丹血揾肤红。香浮笑语牙生水，凉入衣襟骨有风。从此安心师老圃，青门何处向穷通。"诗中"缕缕"和"痕痕"两句描写了人们吃红瓤西瓜时的情景；"牙生水"和"骨有风"两句，更把酷暑吃西瓜时那种感受刻画得淋漓尽致、入木三分。

文人的清高，是中华传统文化绵延数千年的文化遗产，只要他认为是俗物，即使拥有千金万银也难入其法眼。但西瓜这个一次性消费品竟然引得如此多诗人词家屡屡吟诵，自然有其不俗之处。人们在充分利用其消暑功用之后，发现西瓜可谓浑身是宝。西瓜果皮、果肉、种子都可食用、药用。籽壳及西瓜皮制成"西瓜霜"专供药用，可治口疮、口疳、牙疳、喉蛾（急性咽喉炎）及各种喉症。西瓜皮用来治肾炎水肿、肝病黄疸、糖尿病。西瓜子有清肺润肺功效，和中止渴、助消化，可治吐血、久嗽。籽壳治肠风下血、血痢。西瓜果肉（瓤）味甘，归心、胃、膀胱经，具有清热解暑、生津止渴、利尿除烦的功效；主治胸膈气壅、满闷不舒、小便不利、口鼻生疮、暑热、中暑、解酒毒等症。

长期的都城地位打造了开封引领风气之先的传统。开封地处中原腹地，气候温和，夏季雨水均匀，加上因黄河泛滥改道而沙土地日益增多，这是开封西瓜得天独厚的条件。人们对西瓜独钟千年的喜爱，又使开封人将西瓜视作天赐，精心培育、大力推广，尤其中华人民共和国成立以来，开封人对西瓜投入更多的心血，开封西瓜的科研水平、品种资源优势均位于全国领先地位，20世纪80—90年代，全国西瓜新品种中曾有60%以上是以开封西瓜为母本培育出来的。随着农业科学技术的广泛推广，开封西瓜产量不断提高，种植面积逐年增加，特别是对西瓜品种的不断改良，终使开封西瓜形成"皮薄、沙瓤、汁多、爽甜"的地域特点，赢得"汴梁西瓜甲天下"的美誉。1980年，开封科技人员培育出的'汴梁一号'和'中汴一号'，在1981年全国西瓜评比中分别获得第二名和第五名。在1986年北京西瓜评比会上，开封西瓜一举夺得前三名。在1991年全国首届西瓜评比会上，'开杂二号''丰收二号''汴宝''汴梁7号''郑引301'5个新品种分别被评为全国第十一名、第九名、第六名、第二名、第一名，获奖数目在参评者中名列榜首，得到专家的一致好评。

开封作为全国三大西瓜产地之一，开封西瓜种植面积由1980年的3.8万亩（1亩≈667 m²）发展到目前的60多万亩，单产由1 500 kg提高到近3 000 kg。1991年开封被农业部命名为"全国优质西瓜良种繁育基地"，1992年开封西瓜被授予"河南省名牌农产品"称号。2009年4月开封西瓜获农业部农产品地理标志保护登记。开封西瓜早在20世纪60年代就畅销北京、上海、武汉、沈阳、哈尔滨等地，现在不仅畅销全国，还远销东南亚各国。

四、开封县花生香万家　营养健康顶呱呱

花生，看似平常，但开封县花生却绝不平常。走进古城开封，或许就能找到开封县花生不平常的原因。

开封县，也就是如今的开封市祥符区。祥符区史称祥符县，宋真宗大中祥符二年（公元 1009 年）设立，1913 年（"民国"二年）更名为开封县，2014 年 10 月，原开封县整建制划为祥符区。祥符区位于河南省东部，属黄河冲积平原的组成部分，地势平坦，耕地面积 125.7 万亩，常年花生种植面积 50 多万亩，占总耕地面积的 40% 左右。自明朝以来，黄河在开封附近多次决口，形成了大片适宜种植花生的沙壤土地，尤其是祥符区这一区域，土壤通透性好，有机质含量高，加之这里的气候条件属暖温带大陆性季风气候，光照充足、降水充沛，无霜期长，非常适宜花生的种植。祥符区境内大小河流有 32 条，水质好，水源充足，如今，引黄开发工程又建成了柳园口、赵口两大自流灌区，其干支都能延伸至各乡镇，能够有效抵御旱涝，有利于祥符区花生产业的发展。

查看《开封县志》和开封县农业生产资料发现，开封县花生的种植历史悠久。据记载，明万历年间，开封县已经开始种植花生，至今已有 400 多年的历史。清代末期，开封县引进了大花生品种，取代了原有的小花生品种。中华人民共和国成立后，开封县

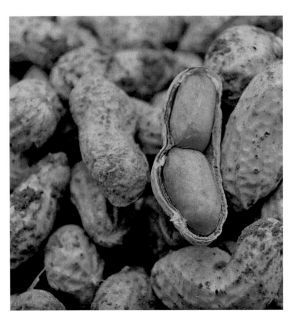

花生种植面积逐年增加，单产、总产迅速提高。1949 年，开封县种植花生 29.6 万亩，占耕地的 16%，占经济作物播种面积的 80.39%，平均单产 38 kg，总产 11 250 t。1988 年种植 32.07 万亩，占耕地的 27.54%，平均单产 126 kg，总产量达到 40 379 t。2008 年，开封县全县花生种植面积达到了 49.8 万亩，其中地膜花生 14.8 万亩，单产达到 239.8 kg，总产 11 940 万 kg，成为全省种植面积最大、商品率最高的花生产区。是全国 8 个主要花生生产县之一、河南省主要花生生产基地，成为享誉海内外的"花生之乡"，有着"花生王国"的美誉。

开封县花生网纹纤细，果皮薄而坚韧，籽仁呈椭圆形，粉红色，带有光泽，感官品质突出，同时内在品质优势也很突出，据农业部果品及苗木质量监督检验测试中心（郑州）对开封县花生的检测：出仁率≥69%，总糖含量≥4.6%，脂肪含量≥34%，蛋白

质含量≥24 g/100 g，钙含量≥185 mg/kg，铁含量≥22 mg/kg，卫生指标、农药残留指标均符合国家有关标准，因此以开封县花生为原料加工生产的花生油、花生酱、花生糕等传统食品深受人们喜爱，久负盛名，畅销各地。当你游走于这座八朝古都的大街小巷时，你会发现市面上有各种各样的花生制品，艮焦花生、咸面花生、虎皮花生、花生酥、花生糖、花生饼、花生丸子……，无论是本地人，还是外地人，都会被这种现象所吸引，它们各具特色、各显美味，随便尝上一颗，定会折服于它的美味，并深深地爱上这个"麻布衣裳白夹里，大红衬衫裹身体，白白胖胖一身油"的开封县花生。

人们对花生的喜爱，体现在生活的各个方面，赋予了花生许多美好的寓意。花生里面的果仁很多，寓意多子多福，象征着家庭里子孙满堂、人丁兴旺的福气。花生还有喜庆吉祥的寓意，象征着两个人永远在一起不分离，也预示着果实累累，事业成功。因有着诸多美好的寓意，花生经常被人们当作新春佳节、传统婚礼、生日宴会等活动中必不可少的"利市果"。玲珑精致、妙趣横生的花生寄托着人们对生活的美好祝愿，体现出传统生活中的雅趣。

2017年，开封县花生获得农业部农产品地理标志登记保护。在地理标志农产品的品牌带动下，花生产业逐步成为祥符区农业发展的一大亮点。近年来，在区委区政府的政策引导下，开封县花生通过标准化种植、产业化发展，重点抓好几家龙头企业建设，提高产品品质，扩大品牌效应，加大产销对接，极大地拉动了祥符区经济增长。开封县花生以果、仁、油品及其他花生制品等形式外销，年外销量达5.2万t以上，占花生总产量的1/2。花生的初加工产品，不仅畅销全国，而且远销欧美、东南亚等10多个国家和地区。2019年，开封县花生被第一批全国名特优新农产品名录收集登录。2021年，开封县花生成功入围农业农村部地理标志农产品保护工程。

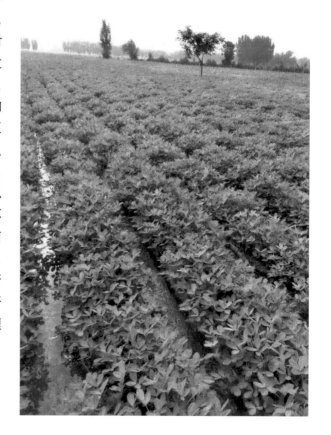

五、喜看农民怡笑脸　通许小麦粮满仓

通许小麦主产地是开封市通许县。通许县位于河南省中部偏东北，开封市东南。通许县作为黄河古文化发祥地之一隅，一直都是战略要地。五代时境内驿道通往全国各地，蔡河横贯南北，此为主要码头，交通方便，商贾云集，经济繁荣，境内曾建造上仓城和下仓城，以储粮饷，曾起着"备九年之储，供六军至给"的重要作用。

《通许县志》及通许县农业生产相关资料记载，通许小麦品质优良，源远流长，《通许县志》第二篇第五节关于土特产的描述中写道："《周礼·职方氏》中记载：'豫州其谷，宜五种。其一曰麦。'《诗经·鄘风》上记有"我行其野，芃芃其麦。"这说明河南小麦质量上乘，而通许县产的小麦，品质更佳，其面粉，在清代列为贡品。由于面粉蛋白质含量较高，故其新麦所磨之粉，面筋多，并带有清香味。清代进贡时，多将新麦面粉装入内衬黄绫之楠木匣中，车运半月至京。开匣后，面粉香甜可口，别有风味。

通许小麦的美味离不开得天独厚的地理环境优势。通许小麦的种植覆盖通许县12个乡镇，304个行政村，地理坐标为东经114°18′～114°38′和北纬34°15′～34°34′，总面积3.8万hm²。通许县属温带大陆性季风气候，四季分明，雨量适中。一般春暖干旱蒸发大，夏季湿热雨集中，秋凉晴和日照长，冬少雨雪气干冷。年平均气温14.9 ℃，10 ℃以上有效积温4 660 ℃，无霜期222 d，年平均降水量775 mm。通许县处于河南省光能高值区，年平均日照2 500 h，太阳辐射量年平均511 kJ/cm²。在年内3—5月，日照足，平均时数为630 h，使小麦光合效率高、病害少、有利于小麦籽粒增重，提高小麦质量。通许县属黄淮平原的一部分，地势西高东低，北高南低，坡度较小，宏观地势平坦，微观又有岗丘、平地、洼地之差异，土层深厚，土壤肥沃，土壤pH值7.8～8.8，有机质含量在10～14 g/kg；通许县属淮河流域涡河水系，境内有大小河流14条，遍及全县12个乡镇，农业灌溉水质好，形成了"田成方、林成网、沟相通、路相连、旱能浇、涝能排"的高效农田。优质的土壤环境和水利资源，满足小麦的生长条件。

除了天然的地理环境优势外，通许小麦的优良品质也离不开生产方式的严格管理。通许县现建设有高标准农田64万亩，从选种到收获，全过程采用标准化生产管理方式。深入推广机械深翻、水肥一体化，开展测土配方施肥、秸秆综合利用等技术，推动了通许小麦农业生产高效发展，实现了通许小麦安全、优质、高产的目的，确保了通许小麦外在感官特征和内在营养品质俱佳。

通许小麦呈现褐色粒状、卵圆形，均匀、饱满、品相好、皮光滑且光泽度强，适宜加工成各类专用小麦粉。所磨成的面粉细腻洁白，麦香味道浓郁；做成的馒头、花卷等面食，口感劲道，味道香甜；制成的糕点，酥香可口。通许小麦制成的面粉富含蛋白质、碳水化合物等营养成分。经农业农村部农产品质量监督检验测试中心（郑州）检测，通许小麦蛋白质（干基）含量≥14.5 g/100 g，脂肪（干基）含量≥1.7 g/100 g，湿面筋含量≥26.0%。通许小麦兼具质和量的双重优势。每年5月，风吹麦浪绿渐黄，秀穗盈浆粒粒香。麦收时节，金色的田野麦浪滚滚，伴随着收割机的往来穿梭，颗粒饱满的小麦从收割机的"嘴"里"吐"出来，形成一道道金黄色的麦瀑，丰收的喜悦洋溢在农民的脸上。

美好的未来令人向往，金灿灿的土地孕育着新的希望。通许县作为全国商品粮基地和优质小麦示范生产基地，是国家级出口食品农产品质量安全示范区。通许县委、县政府高度重视，将小麦生产作为农业支柱产业，出台优惠政策，促进小麦产业的稳定发展。2020年，通许小麦通过农业农村部农产品地理标志登记保护，意味着通许小麦的发展再次迈上新的台阶。通许小麦依托县内面粉加工龙头企业，将小麦面粉的生产实现多样化、功能化，生产的面粉远销全国各地，满足人民群众对面食的不同需求。同时依托古都开封悠久的饮食文化，铸就了开封灌汤包子、开封麻花、麻酱烧饼等特色美食的良好口碑。

六、尉氏桃味鲜美　营养丰赢好评

"烨烨尉氏，日月炅炅。古曰蓬池，春秋肇兴。秦皇置县、颇负盛名。晋隋唐宋，隶属多更。漕运蓬勃，逵衢八通。萧庶谐和，百业蒸腾。"尉氏县自古以来就是富庶之地，交通发达，农业、商业兴盛。公元前10世纪前后，《诗经·魏风》中有"园有桃，其实之淆"的句子。园中种桃，自然是人工栽培的，植桃为园，则表明很早之前，桃树就已有一定的种植规模。在《大雅·抑》中有"投我以桃，报之以李"，这就是后人浓缩为"投桃报李"的由来，可见，中原地区的人们很早就已经把桃当作往来的重要礼品。地处中原厚重文化延伸带上的尉氏县，与其根之所系，脉之所维，桃树的规模种植也有历史可以考究。《尉氏县志》详细记载了尉氏县桃树的种植数量、品种、地域分布等信息。1992年，尉氏西部等地区种植桃、梨、杏等果树20多万亩，水坡乡果园面积5 560亩，年产果品61.8万 kg；十八里香果园面积4 000余亩，年产果品38万 kg。2002年，尉氏县将张市镇大桃市场作为年度重点工程，利用万亩桃园举办首届桃花节，现场观众达到10万余人，极大地提高了尉氏桃的知名度。尉氏县处于黄淮地区，是大桃生产功能区中心，是国家级出口食品农产品质量安全示范区，常年水果种植面积19万亩，其中桃种植面积15万亩，已成为河南省最大的水蜜桃生产基地。

俗话说：天上蟠桃，人间蜜桃。在中国四大古典文学名著《西游记》中，孙大圣到天上蟠桃园偷吃蟠桃的故事，情节引人入胜，足见桃子之味美。尉氏桃主栽品种为沙红，兼有种植突围、春美等。从外在感官特征来看，尉氏桃果皮红润，色泽鲜艳，呈圆球形，大小均匀，桃尖稍突，缝合线浅。果肉白里透红，味道清甜爽脆，肉甜汁多，拥有"脆、甜、鲜、美"的独特口感。桃者，个大而优、味甘而形美，这样的桃子深受人们的喜爱，常被用来当作鲜桃或者寿桃，不仅是因为个大喜人，更是缘于桃子丰富的营养价值。尉氏桃除了外在感官符合人们对桃子的要求外，营养价值也十分丰富，经农业农村部农产品质量安全检测中心（郑州）检测：尉氏桃可溶性固形物含量≥10.5%，维生素 C 含量≥11 mg/100 g，铁含量≥0.35 mg/100 g，钾含量≥135 mg/100 g。尉氏桃维生素 C 含量高，是非常好的美容养颜佳果；铁含量高，是缺铁性贫血病人的理想辅助食物；同时含钾多，含钠少，适合水肿患者食用，有利于消肿利尿。

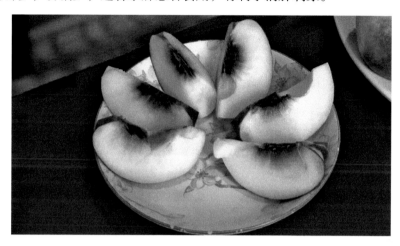

尉氏桃的优良品质离不开尉氏县优良的产地环境。"浩浩尉氏，河渠纵横。双洎流霞，幻若仙境。贾鲁河貌，斗折蛇行。鸳鹭齐飞，汤汤杜公。刘麦惠民，碧水润城。亘古通今，棋布胜景。康沟夜月，桂轮溶溶。"句中描述的正是尉氏县境内独特的水资源优势。尉氏县属淮河流域涡河水系，境内有双洎河、杜公河，东有贾鲁河，中有康沟河，蜿蜒东南，先后汇流出境，注入淮河。地下水水质和补给条件良好，大部分属于淡水，是良好的农业灌溉用水。尉氏县农田水利条件良好，田成方、路成网、沟相通、渠相连、旱能浇、涝能排，为桃树的种植管理提供了最佳保障。除了水源保障，天然的气候和适宜的土壤环境也是保障尉氏桃优良品质的重要条件。尉氏县属暖温带半湿润季风气候，四季分明，气候温和，雨量适中，光照充足，年平均日照 2 481.9 h，年平均温度14.1 ℃，10 ℃以上的有效积温 4 660 ℃，年平均无霜期 215 d，年均降水量 692.3 mm，非常适宜桃的生长生产。尉氏县的土壤地貌属黄河冲积平原的组成部分，地势平坦，易灌易排，土层深厚、土质疏松，土壤保水保肥力强、透水透气良好，利于桃生长。

走进尉氏县的万亩桃园，郁郁葱葱的桃林里，光鲜红润的桃子缀满枝头，一阵阵沁人心脾的桃香扑面而来，让人垂涎欲滴。桃树下，十几个村民正忙着采摘、称重、打包。县里请了省果树研究所的专家对桃农们进行手把手的指导，"大枝结小桃，小枝结大桃。前期剪枝、后期管理，哪个环节都不能马虎。"桃树的种植越来越有心得，大桃的致富经也越念越有味。桃树的种植给农民带来了丰收的喜悦，每亩桃园平均收入6 000 元，最高收入超过万元。

近年来，尉氏县不断重视创意农业的开发实施，尉氏桃产业成为尉氏县新优势。以桃为媒，大力发展乡村生态文化旅游产业，打造出"三至四月赏桃花，五至十月品桃子、一年四季吃农家菜"的乡村文化旅游发展模式。2020 年，尉氏桃通过农业农村部农产品地理标志登记保护。2021 年，尉氏桃进行了全国绿色食品原料标准化生产基地创建申报。

七、尉氏小麦籽粒大　总书记把民生牵挂

尉氏县隶属河南省开封市，古称"尉州"。自秦始皇三年置县，距今已有 2 200 多年的历史。境内文物古迹众多，现存有三国时期阮籍啸台、北宋兴国寺塔、清末刘青霞故居等多处国家级和省级文物保护单位。这里人文荟萃，名人辈出。战国军事家尉缭、东汉文学家蔡邕、"竹林七贤"中的阮籍，并称"尉氏三贤"；"建安七子"中的阮瑀、"竹林七贤"中的阮咸，以诗文、音律彪炳史册；辛亥女杰刘青霞，素有"南秋瑾，北青霞"之称。

尉氏县总人口 102 万人，耕地面积 132 万亩，是全国优质农副产品产区，全国粮食生产先进县。尉氏小麦是尉氏县主要的粮食作物，具有悠久的种植历史。1985 年出版的《尉氏县志》中详细记载了中华人民共和国成立以来尉氏小麦的种植面积和年产量，同时书中还描写道："小麦，在本县是优势，面积大、产量高，分布在各个乡村。"根据该书记载，尉氏县在 1985 年就已经被国家确定为小麦商品粮基地县。

尉氏小麦籽粒饱满均匀，呈卵圆形，色泽亮白，千粒重一般大于 40 g，适宜加工成馒头、面条、锅盔等中式面点，适口性好。《本草拾遗》中记载："小麦面，补虚，实人肤体，厚肠胃，强气力。"小麦面中的碳水化合物，是人体每天都必须要摄入的营养来源。尉氏小麦营养价值高，根据检测结果显示，尉氏小麦中蛋白质（干基）含量 ≥ 12.00 g/100 g，湿面筋含量 ≥ 26.0%，淀粉含量 ≥ 55.00 g/100 g。尉氏小麦兼具了外在感官和内在品质的多重优势。由尉氏小麦面粉制成的尉氏牛舌馍、尉氏锅盔等，外观雪白泛金黄色，香酥适口，里层松软，麦香味浓郁，吃起来特别有滋味；著名的尉氏烩面以尉氏小麦面粉作为原料，辅以高汤及简单配菜，味道鲜美、汤好面筋，营养丰富。

尉氏小麦的优良品质与尉氏县独特的自然生态环境是分不开的。尉氏县，地处豫东平原，位于北纬 34°121′ ～ 34°37′，东经 113°52′ ～ 114°27′，属于暖温带半湿润季风气候，四季分明、气候温和、雨量适中、光照充足。在小麦生产的越冬期，温度适宜，灌浆期，天晴少雨，太阳总辐射接近年内最大值，利于小麦干物质积累。尉氏县又是黄河冲积平原的组成部分，土壤质地为壤土和黏土，土层深厚、保水性强、通透性好，有机质含量高。境内有多条河流通过，南有双洎河、杜公河，东有贾鲁河，中有康沟河，蜿蜒东南，先后汇流出镜，注入淮河；地下水水质和补给条件良好，为小麦的生长提供了优良保障。

北方地区常言道："民以食为天，粮以面为主。"在如今衣食无忧的年代里，粮食生产依然是关系国运民生的大事。2014 年的 5 月，微风吹拂，麦浪滚滚。习近平总书记来到开封市尉氏县张市镇，他走进一片高标准粮田，看麦穗灌浆，问农田建设。看到清一色的小麦长势喜人，习近平总书记说："我们都是种庄稼出身，小麦长势这么好，我和你

们一样欣慰。用老乡的话说，今年的馍能吃上了。"总书记一句"今年的馍能吃上了"，饱含着对粮食生产和供给的殷切期盼，也满含着对人民生活点点滴滴的深情关切。总书记把人民记挂在心上，尉氏人民也下定决心，一定不辜负总书记重托，要种好麦、产好粮，不仅要吃上馍，而且要吃饱馍、吃好馍。6月5日，习近平总书记视察过的尉氏县张市镇高标准粮田内的麦子开始收割，在这片田地上耕种的农民沈平义喜获丰收，12亩小麦平均亩产接近650 kg。"可以向总书记报喜了，今年的'馍'确实能吃上了！请总书记放心，国家这么多惠民政策，使我们农民种粮积极性更高了，更有信心了。我们一定要种好粮食，让全国人民都能吃上河南'好面馍'。"沈平义说。

如今，7年的时间过去了，尉氏县始终不忘总书记嘱托，严格落实习近平总书记提出的"粮食生产根本在耕地，命脉在水利，出路在科技，动力在政策"，紧抓粮食生产，把三农工作作为一切工作的重要之基，走出了一条具有尉氏特色的粮食发展之路。仓廪实，天下安。尉氏县牢牢扛稳粮食安全重任，坚持"藏粮于地、藏粮于技"，每年发放耕地补贴1亿多元，近年来已累计投资10.63亿元，建成高标准粮田84万亩，粮食播种面积稳定在160万亩以上，粮食生产能力超过65万t。如今，当我们再次走进尉氏县张市镇的万亩高标准农田示范区时，现代科技、智慧农业的优势在尉氏小麦的生产上体现得淋漓尽致。农业物联网、无人机植保、耕种收获全程机械化作业。农技人员通过一部手机，就能遥控指挥植保无人机对农田进行浇水等作业；通过应用5G技术、农业大数据技术和云平台管理系统等，新农业人充分把握小麦生产第一手信息，促进小麦增产增收，树立了全国粮食生产的"尉氏标杆"。2020年年底，"尉氏小麦"成功获得农业农村部农产品地理标志登记保护。

八、兰考红薯　别样芬芳

　　红薯学名番薯，又称红芋、甘薯等。兰考红薯栽培历史悠久、种植面积大。兰考红薯主产区在河南省兰考县境内考城、南彰、红庙、谷营、12 个乡（镇），涉及台棚、方店、董庄等 250 个行政村，常年种植面积 8 万亩，产量 20 万 t。

　　兰考县位于中原腹地，历史上，分属于东昏、戴国，进而演变为兰阳、仪封、考城三县，1954 年合并为兰考县。兰考农业垦殖较早，历代先民在这里披草莱、启荆榛、务农耕、事稼穑、植五谷、艺果蔬，属于古老的农区。据史料记载，兰考红薯曾一度成为不可缺少的粮食作物，成为兰考人的救命粮。

　　据史料记载，清乾隆四十一年（公元 1776 年），皇帝下诏书"推栽番薯，以为救荒之备"，从此，中国大地，番薯成为人民的主粮作物之一。兰考红薯茎细长，叶心脏形，皆紫褐色，块根椭圆，两端尖，皮紫肉黄，味甘，北方谓之红薯，以充糇粮，其粉可作粉皮粉条，又一种皮灰色肉白，北方谓之白薯，味淡，为番薯变种（《兰考旧志汇编》民国考城县志卷七·物产志）。中华人民共和国成立前，兰考红薯多为夏种作物。谷雨前后薯种下地，采取冷畦或粪暖育苗，麦茬栽种，由于管理粗放，品种落后，产量不高。从 1956 年起，兰考在全县推广温床育苗和火炕育苗，更新了传统品种，红薯面积逐年扩大。20 世纪 50 年代 10 万亩左右，60 年代 15 万亩左右，70 年代红薯大发展每年红薯面积都在 20 万亩左右，尤其是 1970 年，兰考红薯面积达到 39.3 万亩（《兰考县志》农业编）。兰考红薯春薯切片晒干，夏薯窖藏，作鲜食和薯种，60—70 年代，红薯成为农民生活的主粮，与其他粮食作物相比，不仅栽培省工，稳产高产，而且鲜吃、干储、加工均可，群众爱吃爱种，素有"一年红薯半年粮食"之说；在困难时期，救活并养育了兰考的先辈，留下了"红薯汤红薯馍，离了红薯不能活"的民谚。

兰考红薯的独特品质和其地域分布、土壤、气候条件密不可分。兰考县属暖温带大陆性半干旱季风农业气候，四季分明，年平均气温 14.3 ℃，10 ℃以上积温 4 617.5℃，昼夜温差较大；光照充足，年均日照时数在 2 075.1 h 左右；无霜期为 297.8 d；年平均降水量 636.1 mm。兰考土壤成土母质为黄河冲积物，属沙壤土和轻壤土，土层深厚、土质疏松、富含有机质、透水透气良好，pH 值 7～8.5，土壤耕层含盐量小于 0.4%；兰考地处黄河最后一道湾，境内地表和地下水资源丰富，县域内引黄灌溉设施完善，地表水水质好，保护区水质均达到绿色食品生产要求。

悠久的历史、优越的地域条件，勤劳智慧的兰考人积累的丰富栽培经验和技艺，造就了兰考红薯的优良品质：块型均匀整齐，薯皮光滑，薯肉橙红，色泽鲜亮；鲜食脆甜，熟食香味浓郁，甘甜可口，肉质细腻、绵软无丝。

兰考红薯品质优良，干物质含量高，富含淀粉、蛋白质、粗纤维、赖氨酸、胡萝卜素、维生素 A、亚油酸等人体必需的营养成分以及钾、铁、铜、硒、钙等 10 多种微量元素，营养价值很高。其中淀粉 ≥ 14 g/100 g、可溶性总糖 ≥ 8.20%，β - 胡萝卜素 ≥ 8 900 μg/100 g。

红薯含有大量不易被吸收消化酵素破坏的纤维素和果胶，能刺激消化液分泌及肠胃蠕动，从而起到通便作用。另外，含量丰富的 β - 胡萝卜素是一种有效的抗氧化剂，有助于清除体内的自由基。实际上红薯还是一种理想的减肥食品。

红薯不仅是健康食品，还是祛病的良药。《本草纲目》记载，红薯有"补虚乏，益气力，健脾胃，强肾阴"的功效。"红薯蒸、切、晒、收，充作粮食，称作薯粮，使人长寿少疾。"《本草纲目拾遗》说，红薯能补中、和血、暖胃、肥五脏。《金薯传习录》说它有 6 种药用价值：治痢疾和泄泻、治酒积和热泻、治湿热和黄疸、治遗精和白浊、治血虚和月经失调、治小儿疳积。《陆川本草》说，红薯能生津止渴，治热病口渴。

对红薯深厚的感情和不解之缘，兰考人民怀着感恩的心一直保留着种植红薯的习惯，尤其是近年来，兰考县委县政府充分发掘兰考红薯这一特色优势农产品资源，按照习近平总书记"把强县和富民统一起来，把改革和发展结合起来，把城镇和乡村贯通起来"的指示精神，贯彻落实十九大报告中实施乡村振兴战略，结合"四优四化"要求，兰考县以深化供给侧结构性改革为主线，以红薯种植为重点产业，加快推进农业结构调整，保护和利用并重，全产业链打造红薯产业；为促进红薯产业发展，兰考县出台设施农业奖补政策，鼓励农户参与红薯种植，并围绕红薯产前、产中、产后环节，解决群众关心的集中育苗、技术指导、市场销售、储藏保鲜和红薯深加工等问题，打造全产业链服务体系，促进全县蜜瓜产业健康、有序发展。2017 年，又成立了兰考县红薯协会，召开优质农产品推介会，让兰考红薯越来越多地受到各地客商和广大消费者青睐，也逐渐成长为兰考县群众稳定脱贫奔小康的主导产业，"兰考红薯"也成为兰考特色农产品的一张亮丽名片！

九、兰考花生　香飘万里

　　花生俗称"落花生"，又名"长生果"营养丰富全面，长于滋养补益，有助于延年益寿。兰考花生栽培历史悠久、种植面积大。历史上，县域早起分属于东昏、戴国，汉、唐时期分属浚仪、济阳，进而演变为兰阳、仪封、考城三县，1954 年，兰封、考城合并为兰考县。

　　清乾隆年间，天下大旱，颗粒无收，饿殍遍地，河南兰仪刘氏，独辟蹊径，广种花生，喜获丰收，花生久食而腻，刘氏别出心裁，潜心加工，终出美味，送于袁枚，袁枚吃罢，大加赞赏，在《随园食单》中记载："兰仪南门外刘氏萧美人善制花生、瓜子之类，颗颗饱满，粒粒喷香，嗑出香味，嗑出品味。"特地请人在兰仪代购运至南京送亲友，不少文人盛赞她的杰出手艺，其中吴煊赋诗："妙手纤纤和粉匀，搓酥糁拌擅奇珍。自从香到江南日，市上名传萧美人。"萧美人花生名声大震，皇帝乾隆听后，特意召见刘氏萧美人进宫面圣，刘氏将花生特意上贡给朝廷，乾隆尝后，龙颜大悦，赞不绝口，御赐"萧美人"之美名。

　　据《兰考旧志汇编》清康熙《仪封县·卷二》土产志记载，地脉有废兴，人情有好尚，而物产亦随之为转移。故有昔所无，而今所有者，如旧志不记花生，今则为出产大宗。又据《兰考旧志汇编》民国《考城县志·卷七》物产志记载，"落花生本出外国。康熙初年僧应元，往扶桑觅种，寄回大小二种。"近日多种大者，小者几绝。俗称长寿果，茎高尺余，多蔓延地上，叶为羽状复叶，夏秋之交开花，色黄如蝶形，花落后子房入地一两寸，结实成果，故名。秋末收之，以供食，并可压油。考邑地杂沙土，尤宜种植，故花生果成为大宗。中华人民共和国成立后，1999 年编印的《兰考县志》农业编中亦有记载，兰考花生种植历史悠久，适宜在沙壤地种植，是兰考县主要油料作物，也是农民的主要经济来源。花生适于春播和夏播，夏播多为麦垄套种，立夏前后点播，9 月中下旬成熟。1950 年花生种植面积 10 万余亩，1957 年花生种植面积扩大到 19.7 万亩。20 世纪 70 年代，由于历史原因，花生面积下降。80 年代以来，农民重视花生生产，面积逐年扩大，产量逐年提高，1987 年，花生种植面积达到 21.9 万亩，总产 2 993.9 万 kg。

　　县域内土壤以沙壤土、壤土为主，土层深厚、土质疏松、富含有机质、透水透气良好，pH 值 7.2 ～ 8.5，土壤耕层含盐量小于 0.4%，特有的地貌和土壤，为兰考花生的独特品质形成创造了条件。兰考地处黄河最后一道弯处，境内修建有兰考干渠、兰商干渠和兰杞干渠等多条引黄设施，覆盖了全县大部分乡镇，地表和地下水资源丰富。保护地域范围内地表水和地下水水质好，均符合绿色食品生产要求。兰考县属暖温带大陆性半干旱季风气候，四季分明，年平均气温 14.3 ℃，10 ℃以上积温 4 617.5 ℃，昼夜温差较大；光照充足，年均日照时数在 2 075.1 h 左右；无霜期为 297.8 d；年平均降水量 636.1 mm，多集中在夏季，占全年降水量的 57%，兰考花生生长期内，夏季的高温多雨，有利于花生生长；8月下旬以后，光照充足，昼夜温差大，有利于花生养分的积累。特殊的气候条件，有利于兰考花生特有风味的形成。

兰考花生，网纹明显，果仁较大，椭圆形，色泽粉红。生食，口感脆、入口香，回味甜。煮熟后，口感清脆、回味甜。兰考花生内在营养品质水分、脂肪、钙、铁、脂肪酸优于同类参考值。

近年来，兰考县花生常年种植面积27万亩，总产量8.4万t。4个绿色食品花生生产基地，面积9 000亩，6个无公害花生生产基地，面积20 600亩。兰考民谚"兰考三大宝，花生、泡桐和大枣"，形象说明了花生在兰考民众生活中的重要地位。兰考人民和花生结下了不解之缘，对花生产生了深厚的感情。习近平总书记在兰考县调研指导群众路线教育实践活动时，在张庄村农民家中品尝了兰考花生。

兰考花生经济效益显著，农民种植积极性高，兰考县委、县政府非常重视兰考花生产业发展。近年来，兰考县委县政府出台一系列优惠政策，推动兰考花生品牌建设和产业发展，按照习近平总书记"把强县和富民统一起来，把改革和发展结合起来，把城镇和乡村贯通起来"的指示精神，贯彻落实党的十九大报告中实施乡村振兴的战略，结合"四优四化"要求，兰考县以深化供给侧结构性改革为主线，以花生种植为重点产业，加快推进农业结构调整，保护和利用并重，全产业链打造花生产业；奖励"三品一标"获得单位，农产品地理标志、有机食品、绿色食品、无公害农产品分别给予10万元、5万元、2万元、1万元的奖励；对集中连片种植50亩以上给予奖励补助，鼓励种植大户、新型农业经营主体规模流转土地发展花生种植、收购、加工的生产企业，对引进的生产线给予30%的奖补。兰考县委、县政府把"花生、红薯、蜜瓜"确认为兰考"农业新三大宝"，花生产业得到了快速发展。

十、兰考蜜瓜　脆爽可口更知甜

兰考县位于中原腹地，农业垦殖较早，历代先民在这里披草莱、启荆榛、务农耕、事稼穑、植五谷、艺果蔬，属于古老的农区，是焦裕禄精神的发源地，习近平总书记党的群众路线教育实践活动联系点，素称"孔子过化"之地、文荟之乡，文化积淀深厚。

兰考蜜瓜产区主要位于兰考境内黄河古道，介于东经 114°47′31.42″～115°15′8.45″，北纬 34°45′10.98″～35°01′3.46″，涉及葡萄架、小宋、仪封等 10 个乡（镇），涉及贺村、杜寨、赵垛楼等 117 个行政村。土壤内富含有机质、透水透气良好，pH 值 7～8.5，土壤耕层含盐量小于 0.4%。兰考属暖温带大陆性半干旱季风气候，昼夜温差较大，年平均气温 14.3 ℃，光照充足，年均日照时数在 2 075.1 h 左右，无霜期为 297.8 d，10℃以上积温 4 617.5 ℃，年平均降水量 636.1 mm，兰考地处黄河最后一道湾，县域内引黄灌溉设施完善，地表水水质好，保护区水质均达到绿色食品生产要求，长达 120 d 的自然生长。特殊的地域环境，缔造了兰考蜜瓜独特风味。

兰考蜜瓜果型端正、呈椭圆形，果皮翠绿，网纹规整，腔小肉厚，果肉橙黄，细腻多汁，果肉软硬适中，脆甜爽口，芳香味浓。可溶性固形物、总酸、维生素 C、锌、铁、钙等品质指标均优于参照值。

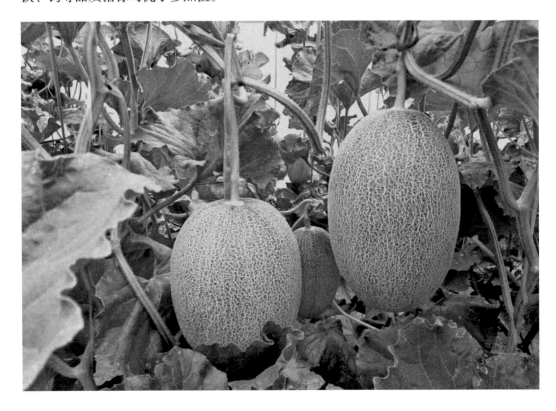

历史上，县域早起分属于东昏、戴国，汉、唐时期分属浚仪、济阳，进而演变为兰阳、仪封、考城三县，1954年，兰封、考城合并为兰考县。据史料记载，唐朝贞观元年（公元785年）浚仪（今兰考）产嘉瓜，异实共蒂。唐宋八大家之一韩愈曾作《汴州封丘县得嘉禾浚仪得嘉瓜状》中有"前件嘉禾等，或两根并植，一穗连房；或延蔓敷荣，异实共蒂"的记述；唐代著名诗人杜甫在途经县域作叙瓜诗，留下了"倾筐蒲鸽青"的名句。蒲鸽青为瓜的品名，又称鹁鸽蓝，还有牛角蜜、猴头酥等名，这均属甜瓜的品种名称。《苏颂图经》记载：甜瓜有青白二种，古通谓之瓜。蔓生植物，茎细长，以卷须络于他物，叶掌状，浅裂。夏日开黄花、雌雄同株，实椭圆，有纵络，长三四寸，有青、黄、白等色，味甜美，有香气，俗又称香瓜、蜜瓜。中华人民共和国成立后，编印的《兰考县志》农业编中对蜜瓜亦有记载，蜜瓜是兰考县的主要瓜类，全县瓜类种植的面积达到2.8万亩。之后，随着农业种植结构的不断调整，瓜类种植面积不断扩大，目前全县仅蜜瓜种植面积已近5万亩，兰考蜜瓜已成为农民增收的支柱产业之一。

兰考县加大对兰考蜜瓜地理标志农产品扶持开发力度，有力促进了兰考蜜瓜产业的发展。一是统一标准化生产技术。选用优质、抗病、商品性好、耐储运、适宜设施栽培的耀龙25、秋胜25等品种和温室育苗。二是拓宽技术培训渠道。通过微信群、组织开展培训班等方式，迅速普及蜜瓜种植技术；开通12316支农热线，24小时解答群众在蜜瓜种植中遇到的难题。三是注重品牌建设。开封市委常委、兰考县委书记蔡松涛同志在人民大会堂推介"兰考蜜瓜"，大大提升了兰考蜜瓜的知名度。四是办好兰考蜜瓜产业大会。进一步打造兰考蜜瓜品牌，弘扬蜜瓜文化，展现兰考风采。

兰考县委、县政府高度重视蜜瓜产业的发展，按照习近平总书记"把强县和富民统一起来，把改革和发展结合起来，把城镇和乡村贯通起来"的指示精神，贯彻落实十九大报告中实施乡村振兴的战略，结合"四优四化"要求，兰考县以深化供给侧结构性改革为主线，以蜜瓜种植为重点产业，加快推进农业结构调整，逐步打造蜜瓜产业全产业链服务体系，为稳定脱贫奔小康提供产业支撑。

为促进蜜瓜产业发展，兰考县出台设施农业奖补政策，鼓励农户参与蜜瓜种植，并围绕蜜瓜产前、产中、产后环节，解决群众关心的集中育苗、技术指导、市场销售、储藏保鲜和蜜瓜深加工等问题，打造全产业链服务体系，促进全县蜜瓜产业健康、有序发展。

作为焦裕禄精神的发源地，兰考正在用一个个蜜瓜，向全国人民讲述"拼搏几十年，结果自然甜"的兰考故事。蜜瓜产业已发展成为兰考县乡村经济的支柱产业。从贫瘠低产的盐碱地，到遍地蜜瓜大棚的"聚宝盆"，全县通过发展蜜瓜产业，收获了如今的甜蜜生活。目前，兰考蜜瓜育苗、种植、销售、储藏、加工、品牌创建等环节不断健全完善，逐步形成兰考蜜瓜全产业链服务体系，逐渐研制开发蜜瓜醋、蜜瓜罐头、蜜瓜汁、蜜瓜饼干和蜜瓜干等产品，逐步实现一二三产业融合发展。下一步，兰考县将持续传承弘扬焦裕禄精神，紧扣供给侧结构性改革，大力发展兰考蜜瓜产业，为群众持续增收，为乡村全面振兴，提供坚实的产业支撑。

开封市
品牌农产品消费指南

全国名特优新农产品

一、开封菊花

CAQS–MTYX–20190002

一、主要产地

河南省开封市示范区水稻乡花生庄村、小庄村、杏花营镇杏花营村。

二、品质特征

开封菊花干品花朵朵大（直径 7 ~ 9 cm），花瓣密实肥厚，花色金黄，菊香浓郁，温水冲泡花朵迅速膨大且浮于水面，汤色浅黄透亮，味甘气香，形态优美。

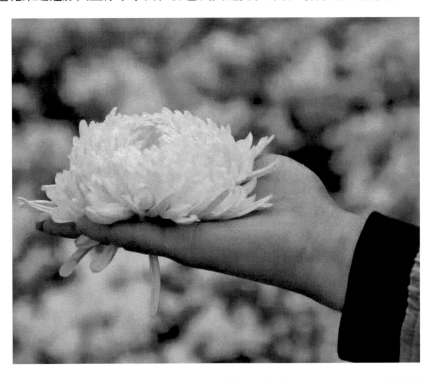

开封菊花锌元素含量为 3.44 mg/100 g，赖氨酸含量 890 mg/100 g、苏氨酸含量 460 mg/100 g。开封菊花营养价值丰富，具有清热祛火、明目等功效。

三、环境优势

开封菊花的种植范围位于开封西部和北部湿地保护区周边。开封属于温带大陆性气候，很适宜于菊花的生长，被誉为"菊花之乡"。开封四季分明，冬季寒冷干燥、春季干旱多沙、夏季高温多雨、秋季天高气爽，年均气温 14.52 ℃，年降水量 627.5 mm，降水主要在 7—8 月。开封土壤多为偏酸性壤土、沙土，水质为弱碱性黄河水，非常适宜菊花种植生长，是国内主要菊花种植区。

四、收获时间

每年 11 月为开封菊花的收获期，也是开封菊花的最佳品质期。

五、推荐储藏保鲜和食用方法

（一）储藏方法

密封、冷藏、避免阳光直射。

（二）食用方法

菊花茶：取一朵开封菊花放入杯中，倒入 90 ～ 100 ℃沸水（饮菊花茶宜选用矿泉水或纯净水），静待 5 ～ 8 min 即可饮用。

菊花粥："菊花粥养肝血，悦颜色"，为美颜佳肴。菊花 10 g，粳米 100 g。先将粳米用小火煮成稠粥，再加入洗净的菊花，继续煮 5 min 即可。

菊花明目饮：菊花 30 g，加滚水沏泡片刻后，加入少量蜂蜜，温服，当天饮完。具有祛火养眼明目的功效。

市场销售采购信息

1. 开封宋苑菊茶有限公司　联系人：刘经理　联系电话：18537801188

淘宝店：宋苑菊茶 品牌店 https://shop163216335.taobao.com/shop/view_shop.htm?spm=a211vu.server–home.category.d53.5fb05e16WJ8fcj&mytmenu=mdianpu&user_number_id=2924609639

2. 开封东篱菊业有限公司　联系人：朱随成　联系电话：13569512296

淘宝店：https://shop149743770.taobao.com/index.htm?spm=2013.1.w5002–13572157667.2.62f53bd5jYBnUy

3. 开封菊花高新科技产业文化发展有限公司　联系人：杨东海　联系电话：15803782698

网址：www.zhongguojuyuan.com

4. 开封市大自然菊业发展有限公司　联系人：许承程　联系电话：15664281728

淘宝店：https://shop113864412.taobao.com/shop/view_shop.htm?spm=a211vu.server–home.category.d53.3c205e16NZjTJj&mytmenu=mdianpu&user_number_id=2242256626

二、杞县辣椒

CAQS-MTYX-20190003

一、主要产地

河南省开封市杞县裴村店、西寨等 12 个乡镇 318 个行政村。

二、品质特征和收获时间

杞县辣椒形态均匀，椒身长度 4 ～ 8 cm，宽度 0.5 ～ 1.5 cm，为带梗带蒂的平板干辣椒。色泽暗红、油亮光洁。椒形较正，肉质厚，有刺鼻的辛辣气味，辣度高、香味浓郁。

杞县辣椒，辣椒素含量为 0.224 3%。脂肪含量为 9.3 g/100 g，蛋白质含量为 15.4 g/100 g，可溶性总糖含量为 12.18%。杞县辣椒营养丰富，具有促进食欲、祛除胃寒、加快新陈代谢、保持身体健康等功效。

每年 9 月为杞县辣椒的收获期，9 月中下旬至 11 月为杞县辣椒的最佳品质期。

三、环境优势

杞县位于开封市东南方向，地处北纬 34°13′ ～ 34°46′，东经 114°36′ ～ 114°56′，被誉为"中原辣椒第一城"，辣椒在全县范围内均有种植，其中以裴村店、西寨等乡镇规模较大。杞县地处北暖温带，属大陆性季风气候，四季分明，年降水量为 722.9 mm，热量资源丰富。由于地处中原腹地，土壤肥沃，地势平坦，灌溉排涝均较好，非常适合辣椒的生产。杞县辣椒有明显接茬种植优势，杞县大蒜面积较大，辣椒种植制度基本是与大蒜贴茬间作套种，杞县辣椒主要在2月下旬育苗，4月下旬移栽于蒜田，由于大蒜分泌的二硫基丙烯气体能够有效抑制辣椒病害发生，且大蒜茬土壤营养丰富、地力基础好，辣椒重茬时间短，独特的种植优势造就了杞县辣椒产量高、品质好。

四、推荐储藏保鲜和食用方法

杞县辣椒鲜果可冷藏保存，亦可直接晾晒或烘干。杞县辣椒干果可置于阴凉干燥处长时间保存。

杞县辣椒可鲜食，也可作为调味品干食，其辣度高，是做菜、火锅的最佳配料，也可整果食用，也可以切成椒段、椒丝等。

市场销售采购信息

1. 杞县长友生态种植专业合作社　　联系人：侯彦友　　联系电话：13781141986
2. 杞县刘赵陈辣椒种植专业合作社　　联系人：刘通　　联系电话：15638598388
3. 杞县双辣农业有限公司　　联系人：王和平　　联系电话：13223807888

三、平城红薯

CAQS-MTYX-20190004

一、主要产地

平城红薯产自河南省著名的"红薯乡"杞县平城乡，其中以平城乡前屯、后屯等村红薯最为著名。

二、品质特征

平城红薯块型均匀整齐、薯皮紫红光滑、薯肉米白色，熟食有明显薯香味，软面，有甜味，少丝。

平城红薯中水分含量为 72.2 g/100 g，淀粉含量为 18.3%，粗纤维含量为 0.74 g/100 g，钙元素含量为 128 mg/100 g，铁元素含量为 6.60 mg/100 g，具有防止骨质疏松和缺铁性贫血的作用。

三、环境优势

平城乡位于开封市杞县西北 15 km，是杞县对外开放的重要门户，北依陇海铁路，南傍惠济河，东临柿园乡，西与祥符区接壤。平城乡地处北暖温带，属大陆性季风气候区，四季分明，年平均气温 14.1 ℃，全年光照 2 292 h，全年无霜期 210 d，光照充足。平城乡境内大小河流（含过境）9 条，属惠济河水系。干流为惠济河，境内长 8 km，其支柏慈沟境内长 11 km，另支淤泥河境内 12 km，水资源丰富，平城乡以潮土类为主，主要土种为两合土，土壤肥沃，富含有机质，钾含量也很丰富，独特的地理特性造就了平城红薯的独特品质。每年 10 月为平城红薯的收获期，也是平城红薯的最佳品质期。

四、储藏方法和食用方法

储藏方法：平城红薯产量高，为保持红薯的新鲜，农户挖地窖窖藏红薯，这是当地红薯保鲜最常用的方法，地窖窖藏无使用化学保鲜剂，安全、营养不流失，这种窖藏的方法让平城红薯的保存期延长至翌年的 4 月左右。

食用方法：平城红薯收获后可直接鲜食，也可深加工红薯淀粉、红薯粉条、红薯片、红薯干、红薯醋等。

市场销售采购信息

1. 杞县长友生态种植专业合作社　联系人：侯彦友　联系电话：13781141986
2. 开封市万富达农业发展有限公司　联系人：卢红霞　联系电话：18625461562

四、杞县大蒜

CAQS-MTYX-20190005

一、主要产地

河南省开封市杞县 22 个乡镇区、597 个行政村。

二、品质特征

杞县大蒜蒜头的皮层数多，颜色为淡紫色，里有两层蒜瓣，外瓣大、里瓣稍小，围绕蒜薹座生在茎盘上，每头蒜有蒜瓣 10 ～ 20 粒。蒜瓣具有辛辣风味，个头大，呈现乳白色，皮较厚实，不散头。

杞县大蒜大蒜素含量为 1 108 mg/kg，钾元素含量为 522 mg/100 g，抗坏血酸含量为 7.08 mg/100 g，赖氨酸含量为 270 mg/100 g、亮氨酸含量为 220 mg/100 g、异亮氨酸含量为 120 mg/100 g。杞县大蒜营养价值丰富，具有抗炎杀菌、预防疾病的功效。

三、环境优势

杞县大蒜产自北纬 34°13′ ～ 34°46′，东经 114°36′ ～ 114°56′。县境内有东西走向的惠济河、淤泥河，南北纵贯的铁底河、杞兰干渠和东风二干渠，杞县平均年降水量为

722.9 mm，水资源十分丰富。杞县地处北暖温带，属大陆性季风气候区，四季分明，热量资源丰富。杞县的土壤以潮土类为主，主要土种为小两合土和两合土，土壤肥沃，富含有机质，杞县耕地耕层土壤 pH 值变化范围 8.10 ~ 8.60，平均值为 8.30，非常适宜大蒜种植。

四、收获时间

每年 5 月为杞县大蒜的收获期，也是杞县大蒜的最佳品质期。

五、推荐储藏保鲜和食用方法

（一）储藏方法

杞县大蒜 6—8 月可常温保存，若常温保存至 9 月，蒜瓣发芽，影响大蒜风味，因此杞县大蒜一般在 8 月初存入冷库，大蒜经过低温处理，呼吸作用降低，出库的大蒜更加甘甜爽口。

（二）食用方法

杞县大蒜的蒜薹、蒜头都是美味食材，可生食、可熟食，例如爆炒、捣碎吃、做成鸡蛋蒜泥、蒜薹尾巴做蒸菜等。以下是几种杞县大蒜制品的传统工艺。

绿蒜：又名腊八蒜、翡翠蒜，蒜瓣晶莹透绿。绿蒜传统制作需在气温降至 0 ℃左右为宜。绿蒜腌成后，容器里可添加白菜叶、胡萝卜片、山姜片等，腌 3 ~ 5 d，添加的辅菜食用味道更佳。

五香蒜：也叫碰蒜，是杞县特有一种鲜蒜加工食用方法。材料选有 4 ~ 5 层皮的新出土鲜嫩蒜头（这是制作的关键），加以八角粉、花椒粉、精盐、白糖等辅料制作。

市场销售采购信息

1. 杞县潘安食品有限公司　联系人：郭景战　联系电话：0371-23226263　13937843636

2. 杞县众鑫农产品专业合作社　联系人：翟强　联系电话：13592106234

3. 杞县雍丘农民种植专业合作社　联系人：董国振　联系电话：18337897266

4. 杞县家强农作物种植专业合作社　联系人：宋家强　联系电话：13069329498

5. 杞县麦丹农作物种植专业合作社　联系人：胡培霞　联系电话：13460755655

6. 杞县依农为民农作物种植专业合作社　联系人：徐浩博　联系电话：17637888369

五、通许玫瑰

CAQS–MTYX–20190006

一、主要产地

河南省开封市通许县厉庄乡厉庄村、桂店村、张庙村。

二、品质特征和收获时间

通许玫瑰主干花花朵饱满，完整，直径 2.5 ～ 3.5 cm，花瓣密实肥厚，花色鲜艳，呈深紫红色，花香浓郁；温水冲泡，汤色清亮，淡黄中微带红色，饮之，气香、味甘、润喉。

通许玫瑰赖氨酸 830 mg/100 g、苏氨酸 420 mg/100 g、亮氨酸 700 mg/100 g、异亮氨酸 410 mg/100 g、缬氨酸 560 mg/100 g。通许玫瑰能降火，美容养颜，缓解疲劳。

每年 4 月为通许玫瑰的收获期。通许玫瑰制成干花玫瑰茶后的 8 个月内，为最佳饮用期。

三、环境优势

通许玫瑰基地位于通许县厉庄乡厉庄村、桂店村、张庙村 3 个行政村。属于暖温带大陆季风气候，四季分明，冷暖适中。一般春暖干旱蒸发量大，夏季湿热雨集中，秋凉晴和日照长，冬少雨雪气干冷。年平均日照 2 500 h，年降水量 775 mm，无霜期 222 d。

厉庄乡自然条件优越，气候温润，空气清洁，远离闹市。涡河支流直达田边沟渠，黄河水直接灌溉农田，自然的地貌，土壤肥沃，通透性良好，原生态的农耕，便利的交通，一派独特迷人的田园风光，这一得天独厚的自然条件和区位优势很适宜玫瑰的生长，适合发展玫瑰花产业。符合原生态、无污染、绿色的各种条件。

四、推荐储藏保鲜和食用方法

（一）储藏保鲜方法

玫瑰花茶建议存放在 18 ℃左右的保鲜库中密封避光存放，也可用铝箔袋或铁罐，关键是做好避光和密封，才能保证花茶不褪色，具有浓郁花香。玫瑰酱建议存放在 4 ℃冰箱保鲜，也可常温保存，但需要避光保存，存放最好是玻璃或陶瓷器具内，封闭存放，如不注意避光，色彩会有褪色现象，但不会影响口感。

（二）食用方法

玫瑰花茶：95 ℃开水冲泡直接饮用；玫瑰花茶冲泡时加红枣，能清除体内脂肪、美容、美白肌肤；玫瑰花茶 3 ～ 5 朵，金银花 1 g，麦门冬 2 g，山楂 2 g，加开水泡，理气解郁，滋阴清热。

玫瑰酱：可用来加工成玫瑰糕点、玫瑰豆沙包、玫瑰汤圆等。

市场销售采购信息

河南莲祥食品有限公司　购货地址：河南省通许县通大公路万寨村西侧　联系电话：13503717899
17737116583　0371-24342678　0371-24344555

六、通许菊花

CAQS–MTYX–20190007

一、主要产地

河南省开封市通许县长智镇岳寨村、东芦氏村、匡营村、胡庄村等。

二、品质特征和收获时间

通许菊花干花花朵朵大，完整，直径 7 ~ 9 cm，花瓣密实肥厚，花色金黄，菊香浓郁；温水冲泡花朵迅速膨大且浮于水面，汤色浅黄清亮，味甘气香，形态优美。

通许菊花中锌元素含量为 3.46 mg/100 g、铜元素含量 1.1 mg/100 g、赖氨酸810 mg/100 g、苏氨酸 480 mg/100 g、亮氨酸 600 mg/100 g。通许菊花具有散风清热、平肝明目、清热解毒等功效和作用。

每年 11 月为通许菊花的收获期。通许菊花制成干花后的 8 个月内，为最佳饮用期。

三、环境优势

通许菊花的地理环境属于暖温带大陆性季风气候，四季分明，冷暖适中。一般春暖干旱蒸发量大，夏季湿热雨集中，秋凉晴和日照长，冬少雨雪气干冷。这一得天独厚的自然条件很适宜菊花的生长，被誉为"菊花之乡"。这里地理环境优雅、自然条件优越、气候温润、空气清洁、远离闹市。涡河直流直达田边沟渠，井水直接灌溉农田，自然的地貌，肥沃的土地，原生态的农耕，便利的交通，一派独特迷人的田园风光，是菊花的富地和摇篮。偏酸性两合土壤，施用有机肥，不打农药，实行人工除草，符合原生态、无污染、无公害的各种条件。

四、推荐储藏保鲜和食用方法

（一）储藏保鲜方法

菊花茶保鲜存放：低温 0 ～ 4 ℃冷柜存放，避光置于阴凉干燥处，保存期 2 年。

（二）食用方法

菊花茶：通常是用 100 ℃开水冲泡，盖上盖子之后焖 3 ～ 5 min，即可饮用。一般可以冲泡 3 ～ 5 次，注意当天内饮用完，不要隔夜。也可与枸杞、决明子、柠檬等配合饮用。

菊花枸杞茶：菊花 10 朵、枸杞 30 g。先将枸杞放入 3 ～ 5 杯水一起煮开 10 min，然后加入菊花再煮 2 ～ 3 min。煮好之后，过滤掉菊花和枸杞，剩下的汁液装入保温瓶中，一天内喝完即可。

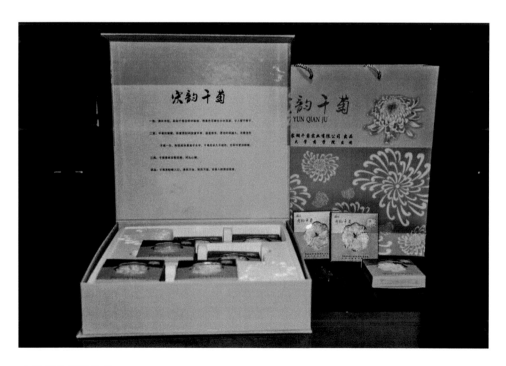

市场销售采购信息

河南省通许县岳寨村宋韵千菊园　旗舰店地址：河南省开封市金明区汉兴路与集英街交叉口向西200 m 路北千菊茶庄　联系电话：13393811692　0371–22769169

七、通许小麦

CAQS-MTYX-20190008

一、主要产地

河南省开封市通许县 12 个乡镇 1 个产业集聚区 304 个行政村。

二、品质特征和收获时期

通许小麦籽粒均匀，胚乳饱满，品相好，适宜加工成各类专用小麦面粉。

通许小麦蛋白质含量 16.8 g/100 g，钙元素含量 43.3 mg/100 g，钾元素含量 360 mg/100 g，硒元素含量 16 μg/100 g。通许小麦营养价值丰富，能有效补充人体所需的蛋白质和微量元素。

每年 6 月为通许小麦的收获期。

三、环境优势

通许县属暖温带大陆性季风气候，四季分明，冷暖适中。年平均日照 2 500 h，年平均温度 14.1 ℃，无霜期 222 d，年降水量 775 mm。县域内灌排体系完善、沟渠路畅通，林网密布，水质良好，旱季蓄水充足，具备良好的灌溉种植用水条件，有利于生产优质安全小麦。小麦种植基地远离中心城市，无"三废"，不受污染源影响或污染物含量限制在允许范围之内，生态环境良好，通许小麦种植区域内土壤肥沃，富含有机质、疏松、排水良好，属于优质小麦种植区域。

四、推荐储藏保鲜和食用方法

储藏方法：新收获的小麦经日晒干燥后，入库常温密闭保存；也可暴晒到45～48℃、水分含量降至12%以下时趁热密闭储藏。

食用方法：加工成面粉可以做成糕点、馒头、拉面、包子等面食。

市场销售采购信息

通许县政丰种植农民专业合作社　电话：16627553268　网址：http://txzfhzs.v3.hnrich.net/

品牌农产品消费指南

八、贾鲁河鸭蛋

CAQS-MTYX-20190009

一、主要产地

河南省开封市尉氏县十八里镇、张市镇、小陈乡等。

二、品质特征和收获时间

贾鲁河鸭蛋外观个大、圆润光滑、色泽鲜亮，蛋清浓稠、洁白如雪，蛋黄红润油亮，口感自然纯正、清香可口、风味独特，老少皆宜。咸鸭蛋大小适合，皮呈浅绿色，切开断面黄白分明，咸度适中，蛋白质地细嫩，色泽乳白或白色，富有弹性，蛋黄呈红橙色，松、沙、渗油，中间无硬心，味道香而不腻，回味余长。

贾鲁河鸭蛋营养价值丰富，钙元素含量 95.7 mg/100 g，铁元素含量 32.7 mg/100 g，亮氨酸 1 100 mg/100 g，赖氨酸 1 020 mg/100 g，蛋氨酸 660 mg/100 g，苯丙氨酸 840 mg/100 g。贾鲁河鸭蛋有滋阴、清肺、丰肌、润肤等功效。

贾鲁河鸭蛋的收获期为全年。

三、环境优势

贾鲁河位于尉氏县城东部，属历史上的"黄泛区"故道，辖区境内全长 45 km，滩面积达 6 万亩，地域辽阔，空气清新，景色宜人，森林植被覆盖率达 90%，适合建设绿色蛋鸭的养殖基地。贾鲁河鸭蛋就产自这样优良的生态环境之中。

四、推荐储藏保鲜和食用方法

储藏温度：20 ～ 25 ℃。

食用方法：贾鲁河鸭蛋为真空包装的咸鸭蛋，开袋即食。

市场销售采购信息

1. 尉氏县双圆蛋品加工厂　联系人：石书民　联系电话：13839971165

2. 尉氏县新起源蛋鸭养殖专业合作社　联系人：崔磊　联系电话：15993381118

3. 尉氏县昌旺蛋品加工厂　联系人：王连生　联系电话：13937809875　网址：https://m.eqxiu.com/s/S5Fc4oh5

九、尉氏蒲公英

CAQS-MTYX-20190010

一、主要产地

河南省开封市尉氏县南曹乡、大马乡、门楼任乡、张市镇等。

二、品质特征和收获时间

尉氏蒲公英整株呈灰褐色，可见少量花，叶面棕褐色、皱缩，株形均匀；无劣变、霉变、清洁、无异物、无异味；入水泡开后汤色淡黄、澄清、透亮、润滑、回甘。

尉氏蒲公英中钙元素含量 1 580 mg/100 g、铁元素含量 372 mg/100 g，β-胡萝卜素含量为 1 860 μg/100 g。尉氏蒲公英有降低胆固醇、利尿、助消化、降血压等功效。

每年 4—11 月为尉氏蒲公英的收获期。

三、环境优势

尉氏县属暖温带大陆性季风气候，四季分明，冷暖适中。年平均日照 2 500 h，年平均气温 14.1 ℃，无霜期 222 d，非常有利于蒲公英的生长。

四、推荐储藏保鲜和食用方法

储藏最佳温度在 15 ～ 25 ℃，水分在 45% 左右。

食用方法：蒲公英幼嫩的叶片可生食和炒食；干制成蒲公英茶，冲泡饮之即可；加工成蒲公英养生干面条。

市场销售采购信息

尉氏县世通生物科技有限公司　联系人：黄小勇　联系电话：13353785793

十、八里湾番茄

CAQS-MTYX-20190011

一、主要产地

河南省开封市祥符区八里湾镇大王寨村、果园村、八里湾村、大马营村、芦村等。

二、品质特征和收获时间

八里湾番茄果实近圆形，果重 189 ～ 247 g，成熟番茄呈红色，表面光滑，汁多，口感沙甜微酸，具有浓郁的番茄风味。

八里湾番茄营养价值丰富，抗坏血酸含量 19.2 mg/100 g、β – 胡萝卜素含量 519 μg/100 g，可溶性固形物 4.5%，总酸为 0.44%，固酸比值为 10.2。八里湾番茄健胃消食、生津止渴，并具有美容养颜、抗衰老的功效。

每年 12 月至翌年 7 月为八里湾番茄的收获期，新鲜采摘的番茄，品质最佳。

三、环境优势

八里湾镇，隶属于河南省开封市祥符区，位于八朝古都开封东 25 km 处。历史源远流长，环境优美，交通便利，地势平坦，土地肥沃，土壤有机质含量高，非常适合瓜果蔬菜的种植。

四、推荐储藏保鲜和食用方法

储藏保鲜：番茄易放在遮光的地方，成熟果实可在 1 ～ 2 ℃下存放，绿熟果和微熟果要求在 10 ～ 13 ℃储藏，置于冰箱冷藏室有利于番茄的保鲜。

食用方法：生食与凉拌均可，熟食可做成多种美味菜肴。

市场销售采购信息

1. 开封市祥符区东领蔬菜种植农民专业合作社　联系电话：15837869688
2. 开封市祥符区现代农作物种植农民专业合作社　联系电话：15837816804
3. 开封市祥符区富康果蔬种植农民专业合作社　联系电话：13938635008

十一、杜良大米

CAQS-MTYX-20190012

一、主要产地

河南省开封市祥符区杜良乡。

二、品质特征和收获时间

杜良大米粒大、光滑、色泽透亮，蒸干饭米粒有明显光泽，气味清香，饭粒完整性好，口感有嚼劲，筋而不硬、软而不黏，口味适中，口感香甜，冷后有黏弹性，硬度适中。煮稀饭清香宜人，汁如溶胶。

杜良大米营养价值丰富，水分含量 14.7%、蛋白质含量 7.85 g/100 g、脂肪含量 0.7 g/100 g、直链淀粉（干基）15.5%、粗淀粉 77.14%。杜良大米可助消化，可补充人体基本所需营养物质，有补脾、和胃、清肺功效。

杜良大米的收获期为每年 10 月。

三、环境优势

杜良乡四季分明、光照充足、雨水充沛、资源丰富、昼夜温差大。这里属黄河柳园口灌区，引黄河道纵横交错，素有开封"小江南""鱼米之乡"美誉。农作物以水稻和小麦为主，尤其水稻远近闻名，是开封大米的主产地。杜良乡北靠黄河故道，受肥沃黄河水灌溉，产出的大米颗粒饱满、色泽光亮、性黏质筋、香甜可口、富含大量矿物质和维生素。杜良乡地理位置优越，310国道横贯全境，连霍高速、大广高速在境内交汇，陇海铁路从南部贯穿东西，郑徐高铁从西向东斜穿而过。除此之外，地方公路、乡村公路相互交织，四通八达。

四、推荐储藏保鲜和食用方法

储藏保鲜：大米要储藏在15℃以下的低温环境里，保持阴凉干燥。夏季，大米的保存应该注意防潮、隔热，尽可能存放在阴凉、干燥、易通风的地方，储存冰箱冷藏室，口感更佳。

食用方法：煮粥、蒸米饭、制做米糊。

市场销售采购信息

1. 开封市祥符区众香实业有限公司　联系电话：13837871905

2. 河南开元米业有限公司　联系电话：13938610168

3. 河南广顺米业有限公司　联系电话：13839957350

十二、开封县花生

CAQS—MTYX—20190013

一、主要产地

河南省开封市祥符区朱仙镇、万隆乡、西姜寨乡、范村乡、半坡店乡、刘店乡、袁坊乡、仇楼镇、八里湾镇。

二、品质特征和收获时间

开封县花生花生仁呈椭圆形，网纹纤细，壳白、果大、果皮薄而坚韧，籽仁皮呈粉红色及暗粉红色，籽仁肉呈白色、有光泽、口感较脆、入口香、回味香甜、出油率高。

开封县花生营养价值丰富，蛋白质含量 25.7 g/100 g、脂肪含量 51.2 g/100 g、水分含量 6.27 g/100 g、油酸含量 40.8%、亚油酸含量 37.5%。开封县花生不仅能降低有害胆固醇、降血脂、预防心脑血管疾病，还能减肥、抗衰老，有利于身体健康。

开封县花生的收获期为每年 10 月。

三、环境优势

开封市祥符区位于河南省东部，属黄河冲积平原的组成部分，地势平坦。气候条件属暖温带大陆性季风气候，年平均气温 14 ℃，年降水量为 628 mm，无霜期 214 d。黄河的多次决口形成了大片适宜种植花生的沙壤土地，土壤通透性好、无污染源，非常适宜花生的生长。因此，这里的花生产量高，质量好，成为九州驰名的"花生王国"。

四、推荐储藏保鲜和食用方法

储藏保鲜：包括花生果（带壳）和花生米，储藏稳定性以花生果为好。储藏前要将花生充分晒干。花生米种皮薄，不宜在烈日下曝晒，花生米含水量低于 8% 时，在 20 ℃以下可长期储存，注意防潮，通风即可。

食用方法：糖醋花生、五香花生、麻辣花生等。

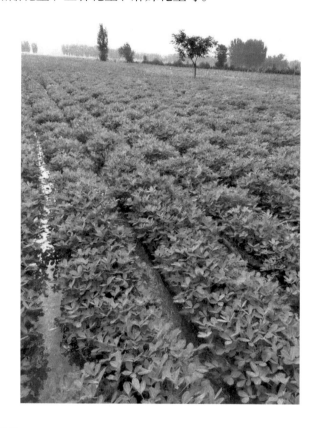

市场销售采购信息

1. 富兰格生物工程（开封）有限公司　联系电话：18637858828
2. 开封市祥符区农丰农作物种植农民专业合作社　联系电话：13723232419
3. 河南爱思嘉农业旅游开发有限公司　联系电话：13103785825

十三、兰考花生

CAQS-MTYX-20190052

一、主要产地

河南省兰考县堌阳镇、考城镇、南彰镇、红庙镇、谷营镇、东坝头乡、孟寨乡、葡萄架乡、闫楼乡、小宋乡、仪封乡、许河乡12个乡（镇），涉及土山、高寺、韩营、长胜、大胡庄、李场、王大瓢等302个行政村。

二、品质特征和收获时间

兰考花生荚果较大，普通型，蜂腰、果嘴明显、网纹明显、色泽浅黄；果仁较大、椭圆形、色泽粉红，生食口感脆、入口香、回味甜；煮熟后口感清脆、回味甜。兰考花生营养丰富，脂肪、钙、铁、棕榈酸、硬脂酸、油酸、花生酸、花生一烯酸等含量均优于同类产品参照值。其中钙含量61 mg/100 g、铁含量5.66 mg/100 g、油酸含量42.7%、花生一烯酸含量0.71%。具有促进人体生长、降低胆固醇等功效。

兰考花生按种植时间分为春花生和夏花生。春花生收获时间（最佳品质期）8月中旬，夏花生收获时间（最佳品质期）9月中下旬。

三、环境优势

兰考县属暖温带大陆性半干旱季风农业气候，年平均气温 14.3 ℃，光照充足，年平均降水量 636.1 mm，多集中在夏季，夏季降水量占全年降水量的 57%。兰考花生生育期内，夏季高温多雨，有利于花生生长；8 月下旬以后，光照充足，昼夜温差大，有利于花生养分的积累。土壤内富含有机质、透水透气性良好，pH 值 7 ～ 8.5，土壤耕层含盐量小于 0.4%，兰考县地处黄河最后一道湾，县域内引黄灌溉设施完善，地表水水质好，保护区水质均达到绿色食品生产要求。特殊的自然条件有利于兰考花生特有风味的形成。

四、推荐储藏保鲜和食用方法

（一）储藏方法

收获的花生及时晾晒；彻底干透后在避光、常温、干燥处储藏。

（二）食用方法

兰考花生可生食或熟食，熟食可炒、炸。

炒花生：将上等花生加入甘草、食盐、桂皮等调味料煮熟，于火炉上方文火烘焙，由此工序制出的花生，色、香、味达到完美统一。

醋泡花生：带皮的生花生米 250 g、优质食醋 250 g（注意一定要选择酿造的食醋，不要用配制的食醋）、可密封的容器一只。将花生米洗净晾干水分，放在食醋中，密封浸泡 7 d 后即可食用，浸泡时间可适当延长，效果更好。浸泡结束后，可以继续泡在醋中，也可以将花生米取出晒干保存。

市场销售采购信息

1. 河南五农好食品有限公司　联系人：魏静　联系电话：0371-27899955　13243438371　淘宝店铺网址：https://kehuoya.taobao.com/

2. 兰考宏源食品有限公司　联系人：刘红伟　联系电话：0371-26335678　18339294666　淘宝店铺网址：https://shop302496225.taobao.com/

3. 兰考县潘根记种植专业合作社　联系人：潘春婷　联系电话：0371-27891314　15565138788　淘宝店铺网址：https://shop101130872.taobao.com/

十四、兰考红薯

CAQS-MTYX-20190053

一、主要产地

河南省兰考县堌阳、考城、南彰、红庙、谷营、坝头、孟寨、葡萄架、闫楼、小宋、仪封、许河 12 个乡（镇），涉及台棚、方店、董庄、长胜、大胡庄、万土山、郝场等 250 个行政村。

二、品质特征

兰考红薯块型均匀整齐，薯皮紫红光滑，薯肉橙红，色泽鲜亮；鲜食脆甜，熟食香味浓郁，软绵甘甜、无丝。

兰考红薯钙含量 71.8 mg/100 g，铁含量 0.87 mg/100 g，β-胡萝卜素含量 750 μg/100 g，粗纤维含量 0.88 g/100 g，可溶性糖含量 6.66%，均优于同类产品参照值。兰考红薯营养价值高，具有补益气血、健脾胃等功效。

三、环境优势

兰考县属暖温带大陆性半干旱季风农业气候，年平均气温 14.3 ℃，光照充足，年平均降水量 636.1 mm，多集中在夏季，夏季降水量占全年降水量的 57%。兰考红薯生育期内，夏季高温多雨，有利于红薯生长；8月下旬以后，光照充足，昼夜温差大，有利于红薯养分的积累。土壤内富含有机质、透水透气良好，pH 值 7 ～ 8.5，土壤耕层含盐量小于 0.4%，兰考县地处黄河最后一道湾，县域内引黄灌溉设施完善，地表水水质好，保护区水质均达到绿色食品生产要求。特殊的自然生态条件有利于兰考红薯特有风味的形成。

四、收获时间

兰考红薯按种植时间分为春茬红薯和夏茬红薯。春茬红薯收获时间在 9 月中下旬，夏茬红薯收获时间在 10 月下旬至 11 月上旬。兰考红薯的最佳品质期为窖藏后 15 ～ 30 d。

五、推荐储藏保鲜和食用方法

（一）储藏方法

红薯收获后，分级入窖收藏或直接外销。窖温控制在 10 ～ 15 ℃，湿度保持在 90% 左右。

（二）食用方法

兰考红薯可生食或熟食，熟食可煮、蒸、烤。

烤红薯：冬季红薯大量上市，可把红薯清洗干净，放在烤箱里小火慢烤，烤熟后食用，又香又甜。

生吃红薯：清洗干净，切成小块，拿着生吃，又甜又脆，也是红薯一种常见的食用方法。

市场采购销售信息

1. 兰考县汇鑫种植专业合作社　联系人：吴岩　联系电话：0371-63098244　13343830930

2. 兰考果粮康种植专业合作社　联系人：张世坡　联系电话：0371-26336211　18839794168　淘宝店铺网址：https://shop487439030.taobao.com/

3. 上海硒丰生态农业科技有限公司兰考分公司　联系人：魏巍　联系电话：0371-23305922 15237814543　淘宝店铺网址：https://shop378081786.taobao.com/

十五、开封西瓜

CAQS–MTYX–20190147

一、主要产地

河南省开封市新区水稻乡花生庄，杏花营镇贺寨村，杏花营农场胡寨村。

二、品质特征和收货时间

开封西瓜呈圆形、瓜形端正、果个整齐均匀，瓜皮薄且坚硬光亮、花纹清晰，瓜瓤呈均匀一致的鲜红色、脆沙瓤、甘甜爽口、汁多籽少、西瓜味浓。

开封西瓜瓤中铁元素含量为 0.719 mg/100 g；维生素 C 含量为 6.92 mg/100 g；瓜瓤中心可溶性固形物含量为 12.1%，瓜瓤边缘可溶性固形物含量为 11.3%，总酸含量为 0.96 g/kg。开封西瓜具有清热解暑、生津止渴、利尿除烦之功效。

每年 5 月为开封西瓜的收获期，最佳品质期为每年的 5—9 月。

三、环境优势

开封西瓜产于开封市城乡一体化示范区内的花生庄、胡寨、贺寨等村庄，该地区属沙性土壤、地势平坦、生态环境良好，沙地土质肥软、土壤通透性好，使得所种植的西瓜根系深扎，根系通透性好，特别适宜西瓜的种植。开封市河流分属于黄河和淮河两大水系，灌溉水资源丰富，水质较好。开封地处北暖温带地带，是典型的大陆性季风气候，四季分明，年平均气温 14.24℃，年均日照时数 2 267.6 h，年日照率为 51%，年均无霜期 213 ～ 215 d；年均降水量 670 mm，平均在 0 ℃以上的积温 5 162.5 ℃，年均305 d；5 ℃以上的积温 4 972.6 ℃，年均 255 d；10 ℃以上的积温 4 611.2 ℃，年均 215 d；15 ℃以上的积温 3 942.5 ℃，年均 167 d。以上积温完全可以满足喜温作物开封西瓜生长期内的温度需要。

四、推荐储藏保鲜和食用方法

储藏方法：家庭储藏时，选择通风、干净、凉爽的房屋，避免阳光直射，室温储藏即可。也可选择用保鲜膜包裹整个西瓜，放置于冰箱内储存。

食用方法：直接切开，生食甘甜爽口；亦可制成西瓜汁等直接饮用。

市场销售采购信息

1. 开封市金明区西花西瓜种植农民专业合作社　联系人：姜魁　联系电话：13937860810

2. 开封市示范区硕之果果蔬种植农民专业合作社　联系人：胡百胜　联系电话：18937859229

3. 开封市汴玉生态农业发展有限公司　联系人：王广山　联系电话：13938626118　网址：http://www.kfbyxg.com/

4. 开封市朗润农业科技有限公司　联系人：代炬　联系电话：18637889006

十六、吕寨双孢菇

CAQS-MTYX-20190148

一、主要产地

河南省开封市杞县付集镇吕寨村。

二、品质特征和收获时间

吕寨双孢菇菇体大小均匀，菌盖圆、白，直径 5.5～6.2 cm，边缘内卷肉厚，盖面光滑平展，菌肉厚、白，切开后略变淡红色。口感滑嫩，味道清香。

吕寨双孢菇中磷元素含量为 150 mg/100 g，钙元素含量为 4.52 mg/100 g，铁元素含量为 2.58 mg/100 g，维生素 C 含量为 7.82 mg/100 g，粗多糖含量为 0.63 g/100 g，粗纤维含量为 0.5%。吕寨双孢菇味甘性平，有提神消化、降血压的作用，是具有保健作用的健康食品。

吕寨双孢菇的收货时间为每年 11 月至翌年 5 月。

三、环境优势

吕寨双孢菇产自革命老区，杞县付集镇吕寨村，付集镇吕寨村位于杞县县城南 16 km 处，106 国道贯穿南北，交通十分便利；产地处于亚热带季风气候区，气候温和，雨量充沛，四季分明，光照充足，年平均气温 14.1 ℃，年均降水量 722 mm，无霜期

210～214 d，尤其是空气湿润，冬无严寒，春季气温回升早，非常适宜食用菌的栽培。该区域土壤、水、空气未受工业"三废"污染，达到了国家绿色食品生产环境标准。杞县常年玉米种植面积达50万亩，且是全国畜牧业发展大县，为双孢菇生产提供了得天独厚的原料优势。

四、推荐储藏保鲜和食用方法

（一）储藏方法

家庭储藏时，可用保鲜膜包裹新鲜的双孢蘑菇，冷藏保存。

（二）食用方法

吕寨双孢菇可烹饪成多种美味菜肴，营养健康，此处简单介绍两种双孢菇做法。

蚝油双孢菇：将新鲜的吕寨双孢菇洗净备用，西兰花洗净掰成小块。锅内放入适量的油，将西兰花下锅翻炒至断生，放入适量盐，鸡粉调味即可出锅，摆盘。锅内再放入适量的油，放入葱花，姜末爆香，放入双孢菇翻炒，放入盐、鸡粉、酱油、蚝油及适量清水，小火慢炖至蘑菇软嫩，出锅前淋入香油，摆在盘中即可。也可将青菜在沸水中焯熟，双孢菇清炒出锅摆盘，然后另做耗油芡汁浇在蘑菇和青菜上即可。

双孢菇炒肉：将新鲜的吕寨双孢菇洗净，切成片备用。瘦肉切片，加入适量生抽淀粉，搅拌均匀备用。双孢菇放热水中焯烫一下，沥干水分备用。锅中热油把瘦肉倒入滑炒，肉片变色后加入葱花，淋少许生抽。把双孢菇倒入锅中翻炒。把双孢菇跟肉翻炒均匀加少许的盐。再加适量蚝油翻拌均匀即可。

市场销售采购信息

1.杞县存平蘑菇种植专业合作社　联系人：吕建设　联系电话：0371-28506916　15237831688

2.杞县胜涛农作物种植专业合作社　联系人：吕胜涛　联系电话：13937820236

十七、杞县蒜薹

CAQS-MTYX-20190149

一、主要产地

河南省开封市杞县 22 个乡镇，597 个行政村。

二、品质特征和收获时间

杞县蒜薹产品品相好，条形粗细均匀，薹径长度 37 ～ 44 cm，色泽鲜绿，成熟适度，质地脆嫩、生食甜脆、有淡淡的辛辣味。熟食嫩滑爽口，回味香甜。

杞县蒜薹中大蒜素含量为 466 mg/kg，维生素 C 含量丰富，为 56.6 mg/100 g，粗纤维含量为 1.4 g/100 g，可溶性总糖含量为 6.37 g/100 g，杞县蒜薹性温，补虚，有活血、杀菌、防癌的功效，具有较好的保健作用。

杞县蒜薹的生长期为每年 10 月至翌年 5 月，收获期为每年 5 月。

三、环境优势

杞县蒜薹是杞县大蒜的副产物。杞县位于开封市东南方向，地处北纬 34°13′ ～ 34°46′，东经 114°36′ ～ 114°56′。县境内有东西走向的惠济河、淤泥河，南北纵贯的铁底河、杞兰干渠，以及东西二干渠，杞县平均年降水量为 722.9 mm，水资源十分丰富。杞县地处北暖温带，属大陆型季风气候，四季分明，热量资源丰富。杞县土壤以潮土类为主，主要土种为小两合土和两合土，土壤肥沃，富含有机质，杞县耕地耕层土壤 pH 值变化范围 8.10 ～ 8.60，非常适宜大蒜种植。杞县交通方便，境内有郑民高速、商登高速、106 国道、连霍高速、325 省道、327 省道、213 省道纵横东西南北，北距国家大动脉陇海铁路 25 km、东距京九铁路 80 km、西距京广铁路 100 km。杞县蒜薹的生产、销售有得天独厚的区域优势。

四、推荐储藏保鲜和食用方法

（一）储藏方法

家庭储藏时，可用保鲜膜包裹新鲜的杞县蒜薹，冷藏保存。也可将杞县蒜薹放置于阴凉湿润处，并在蒜薹表面洒上一些水，让蒜薹保持一定的湿度，进行保存。

（二）推荐食用方法

凉拌生食：杞县蒜薹可凉拌生食，味道鲜美，保存了蒜薹中原有的甜度及适量辛辣味，甜脆可口。将新鲜的杞县蒜薹洗净切段，加入适量的味极鲜、香油、醋、盐等，搅拌均匀，即可食用。

蒜薹炒肉：五花肉洗净，切薄片，拌入调味料略腌制。将两大匙油烧热，放入肉片大火爆炒，肉色变白时盛出。蒜薹择除老梗，洗净，切小段；辣椒片开，去籽，切粗丝；用两大匙油炒蒜薹，并加调料，放入辣椒丝同炒。倒入肉片，炒至汤汁收干即盛出。

市场销售采购信息

1. 杞县众鑫农产品专业合作社　联系人：翟强　联系电话：13592106234
2. 杞县雍丘农民种植专业合作社　联系人：董国振　联系电话：18337897266
3. 杞县家强农作物种植专业合作社　联系人：宋家强　联系电话：13069329498
4. 杞县麦丹农作物种植专业合作社　联系人：胡培霞　联系电话：13460755655
5. 杞县众人互助农作物种植专业合作社　联系人：王朝阳　联系电话：18613789963
6. 杞县诚乘农业种植专业合作社　联系人：尚文棒　联系电话：13781122628
7. 杞县长友生态种植专业合作社　联系人：侯彦友　联系电话：13781141986

十八、通许西瓜

CAQS–MTYX–20190150

一、主要产地

河南省开封市通许县。

二、品质特征和收获时间

通许西瓜瓜皮光亮，花纹清晰，皮薄，瓜瓤鲜红色，汁多籽少，无粗纤维，有"起沙"的感觉，甘甜适口，西瓜味浓。

通许西瓜不仅口感好，而且营养价值丰富，水分含量为89.6%，铁元素含量为0.536 mg/100 g，维生素C含量为13.2 mg/100 g，瓜瓤中心可溶性总糖含量为11.8%，瓜瓤边缘可溶性固形物含量为9.8%，总酸含量0.78%。通许西瓜具有清热解暑、生津解渴、利尿除烦之功效。

每年7月为通许西瓜的收获期，7—10月为通许西瓜的最佳品质期。

三、环境优势

通许县属暖温带大陆季风气候，四季分明，气候温和，雨量适中。属于河南省光能高值区，太阳辐射量年平均 511 kJ/cm²，年平均日照 2 500 h，年平均温度 14.9 ℃，10 ℃以上的有效积温 4 660 ℃，无霜期 222 d，年降水量 775 mm，具有良好的自然条件和区位优势。县域内灌排体系完善、沟渠路畅通，林网密布，水质良好，具备良好的灌溉种植用水条件，地势平坦、土层深厚，土壤肥沃，以壤质土为主，pH 值 7.8 ～ 8.8，有机质含量 10 ～ 14 g/kg。通许西瓜产地环境质量符合《绿色食品　产地环境质量》（NY/T 391—2013）的相关要求。通许西瓜种植基地生态环境良好、远离中心城市，生长环境无"三废"污染。

四、推荐储藏保鲜和食用方法

储藏方法：一般置于阴凉干燥的地方存放。

食用方法：西瓜以鲜食为主，也可榨汁食用或做成西瓜酱。

市场销售采购信息

1. 通许县汴梁西瓜合作社　联系人：王自卫　联系电话：15837897999
2. 通许县政丰种植农民专业合作社　联系人：陶文建　联系电话：15333783268
3. 通许县聚丰源种植农民专业合作社　联系人：闫文亮　联系电话：15226089400
4. 通许县宏运蔬菜种植农民专业合作社　联系人：侯瑜　联系电话：13592115336
5. 通许县辉杰种植农民专业合作社　联系人：张小辉　联系电话：15993364535

十九、通许马铃薯

CAQS–MTYX–20190151

一、主要产地

河南省开封市通许县朱砂镇朱砂村，竖岗镇百里池村，孙营乡北孙营村、南孙营村。

二、品质特征和收获时间

通许马铃薯块茎较大，扁圆形或长圆形，外形圆润、规整，薯皮呈黄色，芽眼浅，表面光滑，薯肉呈黄色。烹饪加工成熟食后，清脆爽口或入口软面，略带香味，味道鲜美。

通许马铃薯营养价值高，除富含丰富的碳水化合物外，还含有丰富的维生素 C 和微量元素钾，维生素 C 含量为 39.3 mg/100 g，钾元素含量为 463 mg/100 g，粗纤维含量 0.4 g/100 g，淀粉含量 12.4 g/100 g。通许马铃薯有保护心肌、降低血压的功效。

每年 6 月为通许马铃薯的收获期。6—9 月为通许马铃薯的最佳品质期。

三、环境优势

通许县属暖温带大陆性季风气候，四季分明，气候温和，雨量适中。地处河南省光能高值区，太阳辐射量年平均 511 kJ/cm²，年平均日照 2 500 h，年平均温度 14.9 ℃，10 ℃以上的有效积温 4 660 ℃，无霜期 222 d，年降水量 775 mm，具有良好的自然条件和区位优势。县域内灌排体系完善、沟渠路畅通，林网密布，水质良好，蓄水充足，具备良好的灌溉条件，地势平坦、土层深厚，土壤肥沃，以壤质土为主，pH 值 7.8 ～ 8.8，有机质含量 10 ～ 14 g/kg，有利于生产优质安全马铃薯。通许马铃薯产地环境质量符合《绿色食品　产地环境质量》（NY/T 391—2013）的相关要求。通许马铃薯种植基地生态环境良好、远离中心城市，生长环境无"三废"污染。

四、推荐储藏保鲜和食用方法

常温储藏：通风、干燥处保存。

低温冷藏：将温度控制在 3 ～ 5 ℃，相对湿度 85% ～ 90%。

食用方法：马铃薯鲜薯可供烧煮作粮食或蔬菜。也可加工成多种食品，如法式冻炸条、炸片、速溶全粉、淀粉以及花样繁多的糕点、蛋卷等。

炒土豆丝：把土豆去皮切细丝，红干椒切段，大葱切丝。切好的土豆丝用水冲洗两遍去掉淀粉，再泡到清水里备用。锅中放适量油烧至五成热，放入花椒粒、葱丝和红椒段爆香。把土豆丝捞出放入锅中，大火快速翻炒均匀。调入生抽、米醋和糖翻炒 3 ～ 5 min。再调入盐和鸡精。翻炒均匀即可。

市场销售采购信息

1. 通许县汴梁西瓜合作社　联系人：王自卫　联系电话：15837897999
2. 通许县张国高效农业技术服务专业合作社　联系人：张留国　联系电话：13783780858
3. 通许县鑫源绿色蔬菜专业合作社　联系人：王振现　联系电话：18737806669
4. 通许县宏运蔬菜种植农民专业合作社　联系人：侯瑜　联系电话：13592115336

二十、通许大蒜

CAQS-MTYX-20190152

一、主要产地

河南省开封市通许县朱砂镇朱砂村，竖岗镇百里池村，孙营乡北孙营村、南孙营村。

二、品质特征和收获时间

通许大蒜外形呈扁圆形，干燥、清洁，须尾短，梗略长；蒜头大，横茎 55 ～ 66 mm，单重 63 ～ 76 g；蒜头外皮为浅紫色，包裹紧实，每头大蒜有蒜瓣 8 ～ 12 粒，蒜粒大、内质呈乳白色、辛辣味浓郁。

通许大蒜中大蒜素含量为 0.151%，钙元素含量为 19.7 mg/100 g，钾元素含量为 453 mg/100 g。通许大蒜具有食用和保健功效，具有解毒杀菌、健脾开胃、消食去积、抗氧化等保健作用，同时对预防心脏病及血液循环系统疾病亦有良好效果。

每年 5 月为通许大蒜的收获期。

三、环境优势

通许县属暖温带大陆季风气候，四季分明，气候温和，雨量适中。地处河南省光能高值区，太阳辐射量年平均 511 kJ/cm^2，年平均日照 2 500 h，年平均温度 14.9 ℃，10 ℃以上的有效积温 4 660 ℃，无霜期 222 d，年降水量 775 mm，具有良好的自然条件和区位优势。县域内灌排体系完善、沟渠路畅通，林网密布，水质良好，蓄水充足，具备良好的灌溉种植用水条件，地势平坦、土层深厚，土壤肥沃，以壤质土为主，pH 值 7.8 ～ 8.8，有机质含量 10 ～ 14 g/kg，有利于生产优质安全大蒜。通许大蒜产地环境质量符合《绿色食品　产地环境质量》（NY/T 391—2013）的相关要求。通许大蒜种植基地生态环境良好、远离中心城市，生长环境无"三废"污染。

四、推荐储藏保鲜和食用方法

大蒜冷藏的最适温度 –2 ～ –1 ℃，相对湿度为 50%～ 60%，最高不要超过 80%。

食用方法：一是生吃。二是作调味品。三是制作成糖蒜。原料：每 10 头大蒜大致需要盐 1/2 大匙，红糖 1 杯半，白醋 3 杯，水 1 杯，盐 1 小匙，酱油 1 大匙。做法：将 10 头大蒜外皮略微剥去一层备用。将 1 锅水煮沸加入少许盐溶解后熄火，再放入大蒜浸渍 20 min，捞起沥干水分放凉备用。将全部调味料置于锅中混合加热，煮沸后离火冷却，即为糖醋汁。将大蒜与冷却的糖醋汁一起放入容器中腌渍，糖醋汁需盖过大蒜，加盖后置于冰箱冷藏浸泡 2 周以上即可食用，可保存 1 ～ 2 个月。

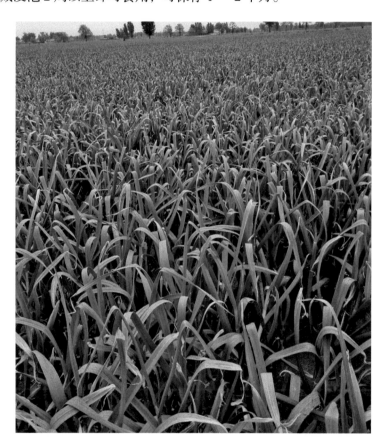

市场销售采购信息

1. 通许县政丰种植农民专业合作社　联系人：陶文建　联系电话：15333783268　网址：http://txzfhzs.v3.hnrich.net/

2. 通许县宏运蔬菜种植农民专业合作社　联系人：侯瑜　联系电话：13592115336

3. 通许县张国高效农业技术服务专业合作社　联系人：张留国　联系电话：13783780858

4. 通许县汴梁西瓜合作社　联系人：王自卫　联系电话：15837897999

二十一、通许洋葱

CAQS–MTYX–20190153

一、主要产地

河南省开封市通许县朱砂镇徐屯村；孙营乡城耳岗村、南孙营村、北孙营村。

二、品质特征和收获时间

通许洋葱球体完整呈扁圆形，表皮干燥光滑呈紫红色。鳞片紧密、外皮为浅紫色，肉白里带红，组织质密，质地较脆，汁多，辣味和甜味浓。

通许洋葱硬度为 12.3×10^5 Pa，可溶性固形物含量为 9.5%，维生素 C 含量为 8.46 mg/100 g。通许洋葱具有抗氧化、防衰老等功效。

每年 5 月为通许洋葱的收获期。5—7 月洋葱大量上市，此时是通许洋葱的最佳品质期。

三、环境优势

通许县属暖温带大陆季风气候，四季分明、气候温和、雨量适中。地处河南省光能高值区，太阳辐射量年平均 511 kJ/cm²，年平均日照 2 500 h，年平均温度 14.9 ℃，10 ℃以上的有效积温 4 660 ℃，无霜期 222 d，年平均降水量 775 mm。县域内灌排体系完善、沟渠路畅通，林网密布，水质良好，蓄水充足，具备良好的灌溉种植用水条件，地势平坦、土层深厚，土壤肥沃，以壤质土为主，pH值7.8～8.8，有机质含量10～14 g/kg，有利于生产优质安全洋葱。通许洋葱产地环境质量符合《绿色食品　产地环境质量》（NY/T 391—2013）的相关要求。

四、推荐储藏保鲜和食用方法

（一）储藏方法

新鲜的洋葱置于通风阴凉处晾干储藏。避免与马铃薯放在一起。冷藏温度控制在0～3℃。

（二）食用方法

生、熟食均可。

凉拌洋葱：将洋葱洗净切成细丝，然后将洋葱丝浸于水中，放入冰箱冷藏一会儿，吃时将洋葱丝捞出，依自己口味放入醋、酱油、香菜、蚝油、柠檬汁或辣椒油拌匀，可将辛辣味去掉，甜脆可口。

洋葱小炒肉：瘦肉切片，加料酒一小勺，酱油两小勺，胡椒粉，蒜末，少许淀粉腌制，青椒切段，洋葱切丝，大蒜干辣椒切末。热锅，倒油，下腌好的瘦肉煸炒。待肉颜色变后盛起，下蒜末，干辣椒炸香，再下青椒，炒至皱皮时加入洋葱丝，放盐，不断翻炒。待洋葱炒至呈透明状时，倒入瘦肉片，加入两小勺甜面酱，翻炒均匀后淋入一点起锅醋提香，盛盘即可。

市场销售采购信息

1. 通许县政丰种植农民专业合作社　联系人：陶文建　联系电话：15333783268　网址：http://txzfhzs.v3.hnrich.net/

2. 通许县张国高效农业技术服务专业合作社　联系人：张留国　联系电话：13783780858

3. 通许县鑫源绿色蔬菜专业合作社　联系人：王振现　联系电话：18737806669

4. 通许县宏运蔬菜种植农民专业合作社　联系人：侯瑜　联系电话：13592115336

二十二、通许花椰菜

CAQS-MTYX-20190154

一、主要产地

河南省开封市通许县朱砂镇徐屯村，孙营乡城耳岗村、南孙营村、北孙营村。

二、品质特征和收获时间

通许花椰菜花球鲜嫩、紧致肥大、洁白匀称、花粒细密，花枝肥短、口感细嫩。

通许花椰菜中蛋白质含量为 1.64 g/100 g，维生素 B_1 含量为 0.044 mg/100 g，维生素 B_2 含量为 0.036 mg/100 g，维生素 C 含量为 89.7 mg/100 g，粗纤维含量为 0.6%。通许花椰菜营养丰富，还具有促进肝脏解毒、提高人体免疫功能的功效。

每年 5 月为通许花椰菜的收获期，收获后 1 个月时间内，为通许花椰菜的最佳品质期。

三、环境优势

通许县属暖温带大陆性季风气候，四季分明，气候温和，雨量适中。地处河南省光能高值区，太阳辐射量年平均 511 kJ/cm²，年平均日照 2 500 h，年平均温度 14.9 ℃，10 ℃以上的有效积温 4 660 ℃，无霜期 222 d，年平均降水量 775 mm。县域内灌排体系完善、沟渠路畅通，林网密布，水质良好，蓄水充足，具备良好的灌溉种植用水条件，地势平坦、土层深厚，土壤肥沃，以壤质土为主，pH 值 7.8 ～ 8.8，有机质含量 10 ～ 14 g/kg，有利于生产优质安全花椰菜。通许花椰菜产地环境质量符合《绿色食品产地环境质量》（NY/T 391—2013）的相关要求。通许县农业生产种植结构调整优化，打造了"一带三区六大生产基地"，形成一批瓜菜标准化生产基地和主导产品，建成一批高标准的规模化种植基地，具有花椰菜生产的成熟技术和农业生产结构优势。

四、推荐储藏保鲜和食用方法

储藏方法：花椰菜采收时保留了 3 ～ 4 片外叶，适宜的储藏温度为 0 ～ 2 ℃、相对湿度为 90%。大批量可采用窖藏法、冷库保藏法、埋藏法。

推荐食用方法：炒花椰菜，将花椰菜掰成小块，然后清洗干净，花椰菜放入开水中焯一下，过滤控干水后，放入锅中炒，根据个人喜好添加其他配菜，最后加入适量的蚝油、盐、酱油等调料。

市场销售采购信息

1. 通许县汴梁西瓜合作社　联系人：王自卫　联系电话：15837897999
2. 通许县张国高效农业技术服务专业合作社　联系人：张留国　联系电话：13783780858
3. 通许县鑫源绿色蔬菜专业合作社　联系人：王振现　联系电话：18737806669
4. 通许县宏运蔬菜种植农民专业合作社　联系人：侯瑜　联系电话：13592115336

二十三、通许甘蓝

CAQS–MTYX–20190155

一、主要产地

河南省开封市通许县竖岗镇百里池村，孙营乡城耳岗村、南孙营村、北孙营村。

二、品质特征和收获时间

通许甘蓝结球包裹坚实紧密，球色翠绿，球内部乳白色，中心柱短。叶面光滑，叶肉肥厚，蜡粉少，质地脆嫩。

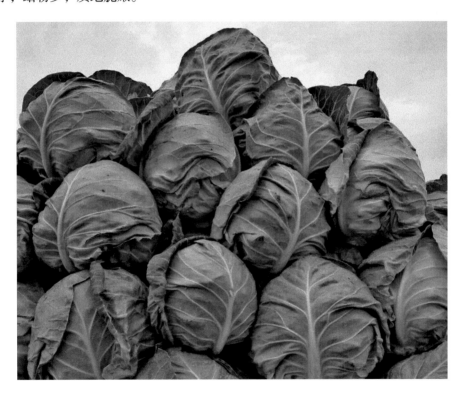

通许甘蓝营养丰富，其中蛋白质含量为 1.23 g/100 g，维生素 C 含量为 50 mg/100 g，钙元素含量为 52.2 mg/100 g，锌元素含量为 0.12 mg/100 g，粗纤维含量 0.6%，可溶性总糖含量 3.51%。通许甘蓝具有益脾和胃、缓急止痛的功效，能提高身体免疫力，促进身体健康。

每年 5 月为通许甘蓝的收获期，5—7 月为通许甘蓝最佳品质期。

三、环境优势

通许县属暖温带大陆季风气候，四季分明，气候温和，雨量适中。地处河南省光能高值区，太阳辐射量年平均 511 kJ/cm²，年平均日照 2 500 h，年平均温度 14.9 ℃，10 ℃

以上的有效积温4 660 ℃，无霜期222 d，年降水量775 mm。县域内灌排体系完善、沟渠路畅通，林网密布，水质良好，蓄水充足，具备良好的灌溉种植用水条件，地势平坦、土层深厚，土壤肥沃，以壤质土为主，pH 值7.8 ～ 8.8，有机质含量10 ～ 14 g/kg，有利于生产优质安全甘蓝。通许甘蓝产地环境质量符合《绿色食品　产地环境质量》（NY/T 391—2013）的相关要求。通许甘蓝种植基地远离中心城市，生态环境无"三废"污染。通许甘蓝种植区域选择肥沃、富含有机质、疏松、排水良好的土壤，属于优质甘蓝种植区域。得天独厚的自然条件和区位优势很适宜甘蓝的种植生产。

四、推荐储藏保鲜和食用方法

（一）储藏方法

甘蓝储藏时将外边叶片除去，用破洞的保鲜膜包裹起来，温度保持0 ℃左右，相对湿度在98% ～ 100%。大批量可采用窖藏法、冷库保藏法和埋藏法。

（二）食用方法

生吃：凉拌、沙拉。

炒：把甘蓝菜洗净，切片、丝，再备好切点姜丝，蒜片，锅中倒油，放入锅中炒；或者搭配肉丝，先放入肉丝翻炒后再放甘蓝，最后，加入蚝油、盐、酱油等调料。

也可作为肉馅原料。

市场销售采购信息

1. 通许县汴梁西瓜合作社　联系人：王自卫　联系电话：15837897999
2. 通许县张国高效农业技术服务专业合作社　联系人：张留国　联系电话：13783780858
3. 通许县鑫源绿色蔬菜专业合作社　联系人：王振现　联系电话：18737806669
4. 通许县宏运蔬菜种植农民专业合作社　联系人：侯瑜　联系电话：13592115336

二十四、尉氏大桃

CAQS-MTYX-20190156

一、主要产地

河南省开封市尉氏县 14 个乡镇，210 个行政村。

二、品质特征和收获时间

尉氏大桃果实呈扁圆形，有稍突出的尖，果实缝合线浅，果重 250 ~ 280 g，果皮为红色，果肉为乳白色。风味浓甜、多汁、质地紧密、离核、淡香。

尉氏大桃味道鲜美，营养丰富，可溶性固形物含量为 12.5%，总酸含量为 0.2%，维生素 C 含量 19.0 mg/100 g、铁元素含量 0.47 mg/100 g、钾元素含量 156 mg/100 g。尉氏大桃味甘、性温，含丰富铁质，能增加人体血红蛋白，同时具有美容养颜等功效。

每年 5—7 月为尉氏大桃的收获期。5—9 月为尉氏大桃的最佳品质期。

三、环境优势

尉氏大桃主要分布于河南省开封市尉氏县张市镇、门楼任乡、南曹乡，大马乡等乡镇。尉氏县地处亚热带向暖温带地段过渡地带，气候温暖湿润，四季分明，阳光充足，雨量充沛，无霜期长。夏天是亚热带气候，受夏季季风影响，气温经常上升至 37 ℃，平均降水量为 1 143 mm，春夏多雨，6 月是最潮湿的一个月，有利于尉州大桃早期生长；7—8 月阳光充足，气温高，有利于提高桃的糖度。得天独厚的自然条件和区位优势，非常适宜发展桃产业。

四、推荐储藏保鲜和食用方法

储藏方法：新鲜采摘的尉氏大桃耐储存，放置于阴凉、通风处可存放一周左右。家庭储存可放入冰箱中冷藏。如果长时间冷藏的话，要先用纸将桃子一个一个地包好，再放入箱子中，避免桃子直接与冷气接触。

食用方法：尉氏大桃味道鲜美，营养丰富。新鲜采摘的尉氏大桃洗净后可直接食用，还可加工成桃脯、桃酱、桃汁、桃干和桃罐头等。

市场销售采购信息

1. 尉氏县风情园种植专业合作社　联系人：刘冠军　联系电话：13460658018
2. 尉氏县联众瓜果种植专业合作社　联系人：张孝峰　联系电话：13598782660
3. 开封市金沙沃实业有限公司　联系人：刘学义　联系电话：13608602007

二十五、崔庄大樱桃

CAQS-MTYX-20190157

一、主要产地

河南省开封市尉氏县张市镇崔庄村。

二、品质特征和收获时间

崔庄大樱桃果近球形，直径 1～1.5 cm，果型端正，单果重 8.5～10.2 g；果皮紫红色，有光泽，美观；果肉为红色，肥厚多汁，酸甜适口。

崔庄大樱桃营养价值丰富，可溶性总糖含量为 10.28%，总酸含量为 0.819%，维生素 C 含量为 23 mg/100 g，铁元素含量为 0.92 mg/100 g。丰富的铁质和维生素 C 可增加人体血红蛋白，提高免疫力，美容养颜又有益于身体健康。

每年 5—6 月为崔庄大樱桃的收获期，也是崔庄大樱桃的最佳品质期。

三、环境优势

崔庄大樱桃主要分布于岗李乡、十八里镇、邢庄乡等多个乡镇，以张市镇崔庄为主。尉氏县属暖温带大陆性季风气候，四季分明，冷暖适中。平均日照 2 500 h，气温 14.1 ℃，年平均气温 14.9 ℃，无霜期 222 d。张市镇地势平坦，属黄河冲积平原，土壤肥沃，透水透气性好，境内主要河流有贾鲁河及尉扶河，水资源丰富，更利于大樱桃的生长。

四、推荐储藏保鲜和食用方法

储藏方法：崔庄大樱桃耐储存，新鲜的大樱桃可储存 10 d 左右，不宜长时间存放。新鲜大樱桃最好平铺开存放，避免磕碰，亦可放入冰箱冷藏储存。

食用方法：采摘的新鲜樱桃洗净后可直接食用，也可制作成果汁、果酱、罐头等。

市场销售采购信息

万家鑫种植专业合作社　联系人：崔四庆　联系电话：13837855505

二十六、八里湾小麦

CAQS–MTYX–20190158

一、主要产地

河南省开封市祥符区八里湾镇磨角楼村、内官营村、鹅赵村、曹寺村、杜营村、姬坡农场、文府村、小河村、大王寨村共 9 个村。

二、品质特征和收获时间

八里湾小麦为白麦，麦皮呈褐色，角质率高，属中强筋小麦。八里湾小麦中蛋白质含量为 15.8 g/100 g，水分含量 9.12%，湿面筋为 28.6%，吸水量为 66.8 mL/100 g，稳定时间 25.4 min，烘焙品质评分值为 86.4 分。另外八里湾小麦还含有丰富的微量元素钾，含量为 354 mg/100 g。八里湾小麦能补充人体所需要的营养成分，可增强人体免疫力，有益于身体健康。

每年 6 月为八里湾小麦的收获期。

三、环境优势

八里湾小麦种植区属于黄河冲积平原组成部分，环境优美，交通便利，地势平坦，土地肥沃，土壤有机质含量高，年平均气温 14 ℃，年降水量 628 mm，无霜期 214 d。境内水资源丰富、水质好，非常有利于种植业的发展，素有开封小粮仓之称。种出来的小麦，产量高、籽粒硬度大，蛋白质含量高，面筋质量好，吸水率高、面团的稳定特性较好，面团拉伸阻力大，弹性好，深受消费者的认可。

四、推荐储藏保鲜和食用方法

储藏方法：低温密闭保存。

食用方法：八里湾小麦可制成各类专用小麦面粉，可做面食、糕点等。

市场销售采购信息

1. 开封市祥符区君华农作物种植农民专业合作社　联系人：王岩　联系电话：13803786027

2. 开封市祥符区东领蔬菜种植农民专业合作社　联系人：王东领　联系电话：15837869688

3. 开封市祥符区小河农作物种植农民专业合作社　联系人：李明　联系电话：13592139909

二十七、尉氏玉露香梨

CAQS–MTYX–20190325

一、主要产地

河南省开封市尉氏县洧川镇花桥刘村、大马乡鲁家村、永兴东范庄村。

二、品质特征和收获时间

尉氏玉露香梨果型呈近球形，果皮绿色，阳面有红晕，果重 195 ～ 310 g，果面光洁细腻具蜡质，果点小而细密，果皮薄，果核小，果肉白色，细嫩酥脆，无渣，汁多味甜。

尉氏玉露香梨可溶性固形物含量为 16%，总酸含量为 0.09%，钙元素含量为 6.75 mg/100 g，钾元素含量为 108 mg/100 g。尉氏玉露香梨营养价值丰富，具有"润肺、凉心、消痰、消炎、止咳"等功效，是食疗佳品。

每年 8 月为尉氏玉露香梨的收获期。

三、环境优势

尉氏县地处亚热带向暖温带地段过渡地带，气候温暖湿润，四季分明，阳光充足，雨量充沛，无霜期长。夏天是亚热带气候，受夏季季风影响，气温经常上升至 37 ℃，平均降水量为 1 143 mm，春夏多雨，6 月是最潮湿的一个月，有利于尉氏玉露香梨生长；7—8 月阳光充足，气温高，有利于提高玉露香梨的糖度。得天独厚的自然条件的自然条件优势，非常适宜发展玉露香梨产业。

四、推荐储藏保鲜和食用方法

尉氏玉露香梨的果实非常耐储存，在自然土窖中，储藏期可达 4 ～ 6 个月，在恒温冷库中可储藏 6 ～ 8 个月。

成熟的尉氏玉露香梨可以生食，味道鲜美，甘甜多汁；也可做成梨酒、梨汁、梨膏等食品，具有极佳的食疗效果。

市场销售采购信息

1. 尉氏县风情园种植专业合作社　联系人：刘冠军　联系电话：13460658018
2. 尉氏县青春种植专业合作社　联系人：王青发　联系电话：13937880899
3. 尉氏县广发种植专业合作社　联系人：陈广举　联系电话：13503787698

二十八、沙沃桃

CAQS-MTYX-20200034

一、主要产地

河南省开封市杞县沙沃乡尚庄、刘怀庄、雅陵岗等村。

二、品质特征和收获时间

沙沃桃果实呈圆形，有稍突出的尖，果实缝合线浅，果径 94 ~ 103 mm，果重370 ~ 500 g。果皮为黄绿色，盖色为红色，果肉为黄白色，风味浓甜，淡香。沙沃桃可溶性固形物含量为 17%，总酸含量为 0.176%，铁元素含量为 0.348 mg/100 g，钾元素含量为 246 mg/100 g。沙沃桃营养丰富，具有美肤、润肺、祛痰等功能。

每年 9—10 月为沙沃桃的收获期。

三、环境优势

沙沃桃产自河南开封杞县乡村振兴示范乡镇沙沃乡，沙沃乡位于开封杞县西南17 km，地理位置优越，交通便利。沙沃乡地处北暖温带，属大陆性季风气候区，四季分明，年平均气温 14.1 ℃，全年光照 2 292 h，全年无霜期 210 d，光照充足。沙沃乡境内铁底河贯穿南北，水资源相当丰富，土壤为潮土类，主要土种为两合土和小两合土，土壤肥沃，富含有机质和各类微量元素。沙沃乡桃种植面积大，近年来，该乡绿色廊道工程也以桃树居多，为当地种植业结构调整，农民增收，乡村振兴注入了活力。

四、推荐储藏保鲜和食用方法

（一）储藏方法

新鲜采摘的沙沃桃耐储存，避免阳光直射，放置于阴凉、通风处可存放一周左右。

（二）食用方法

直接食用：新鲜的沙沃桃，洗净后直接食用，味道鲜美，营养丰富。

榨汁：将洗净后的桃去皮、去核、切块放入榨汁机，制成桃汁饮用。

加工：可根据个人喜好加工成桃脯、桃酱、桃汁、桃罐头等。

市场销售采购信息

1. 杞县诚乘农业种植专业合作社　联系人：尚文棒　联系电话：13781122628
2. 杞县家强农作物种植专业合作社　联系人：宋家强　联系电话：13069329498
3. 杞县强丰农作物种植专业合作社　联系人：郭永强　联系电话：17337889099

二十九、沙沃苹果

CAQS-MTYX-20200035

一、主要产地

河南省开封市杞县沙沃乡尚庄村、四郎庙村。

二、品质特征

沙沃苹果单果重 236～335 g，果型端正，丰满，果梗完整，果面为黄色，果点小而密；果肉淡黄色、硬脆多汁、酸甜适度，味正，有香味。

沙沃苹果可溶性固形物含量为16%，总酸含量为0.295%，维生素C含量为2.10 mg/100 g，钙元素含量为4.18 mg/100 g。沙沃苹果营养丰富，有助于提高人体免疫力。

三、环境优势

河南开封杞县沙沃乡是乡村振兴示范乡镇，该乡位于杞县西南 17 km，交通便利。该乡处北暖温带，属大陆性季风气候，四季分明，年平均气温 14.1 ℃，全年光照 2 292 h，全年无霜期 210 d，境内铁底河贯穿南北，水资源丰富，土壤为潮土，两合土和小两合土土种，肥沃富含有机质，富含各类微量元素，十分适合苹果的生产。该乡苹果种植历史悠久，人人都是种植能手。近年来，苹果行情越来越好，苹果种植面积也连年增大，为当地种植业结构调整、农民增收、乡村振兴注入了活力。

四、收获时间

每年 9—10 月为沙沃苹果的收获期。

五、推荐储藏保鲜和食用方法

储藏方法：沙沃苹果属于中晚熟苹果，极耐储存，在常温下可储藏至翌年，且储藏后果肉不发面。

食用方法：新鲜的沙沃苹果，建议洗净后直接食用，脆甜多汁。也可将洗净后的沙沃苹果切块放入榨汁机，制成苹果汁饮用。

市场销售采购信息

1. 杞县诚乘农业种植专业合作社　联系人：尚文棒　联系电话：13781122628

2. 杞县明达家庭农场　联系人：尚明月　联系电话：0371-28636783

3. 杞县开春农作物种植专业合作社　联系人：张红波　联系电话：15039016678

三十、兰考蜜瓜

CAQS—MTYX—2020.352

一、主要产地

兰考蜜瓜主产区在兰考境内葡萄架、闫楼、小宋、仪封、考城、红庙、孟寨、谷营、坝头、堌阳 10 个乡（镇），涉及贺村、杜寨、赵垛楼、马店、三合庄、程庄、张庄等 117 个行政村。

二、品质特征和收获时间

兰考蜜瓜果型端正、呈椭圆形，果皮翠绿，网纹规整，果肉橙黄，细腻多汁、甜脆爽口，丝丝奶香，产量高、耐贮运、货架期长。兰考蜜瓜中维生素 C 含量为 17.0 ～ 19.6 mg/kg，锌含量 0.15 ～ 0.17 mg/100 g，铁含量 0.45 ～ 0.474 mg/100 g，钙含量 5.0 ～ 6.08 mg/100 g，可溶性糖 1.35% ～ 17.0%。兰考蜜瓜营养丰富，有益于身体健康。

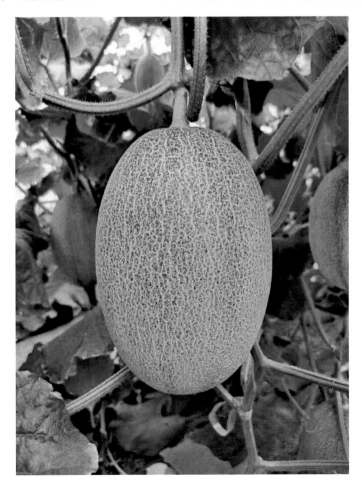

兰考蜜瓜按种植时间分为早春茬蜜瓜和秋茬蜜瓜。早春茬蜜瓜收获时间6月上旬；秋茬蜜瓜收获时间10月上旬。

三、环境优势

兰考县属暖温带大陆性半干旱季风农业气候，年平均气温14.3℃，光照充足，年平均降水量636.1 mm，多集中在夏季，占全年降水量的57%。特殊的气候条件，有利于兰考蜜瓜特有风味的形成。生产区域介于东经114°47′31.42″～115°15′8.45″，北纬34°45′10.98″～35°01′3.46″，土壤内富含有机质、透水透气良好，pH值7～8.5，土壤耕层含盐量小于0.4%，兰考地处黄河最后一道湾，县域内引黄灌溉设施完善，地表水水质好，保护区水质均达到绿色食品生产要求。

四、推荐储藏保鲜和食用方法

储藏方法：蜜瓜收获后，按照单果重、果型精选分级装箱直接外销或15℃以下的保鲜储藏，湿度保持在90%左右。

食用方法：兰考蜜瓜以鲜食为主。清洗干净，去皮切成小块，果肉软硬适中，香甜爽口，芳香味浓。

市场销售采购信息

1. 兰考县树锋种植专业合作社　联系人：张树锋　联系电话：13592116652
2. 兰考县甜心种植专业合作社　联系人：李永建　联系电话：13460616777
3. 兰考县植开种植专业合作社　联系人：柴愿军　联系电话：18537371388
4. 兰考沃森百旺农业发展有限公司　联系人：张宗志　联系电话：19937831298
5. 兰考坤禾农业开发有限公司　联系人：杨超飞　联系电话：17760739567

开封市
品牌农产品消费指南

绿色食品

一、奥吉特生物科技股份有限公司

获证产品：褐蘑菇、白蘑菇

获证产品证书编号：LB-21-21021603557A　LB-21-21021603556A

企业介绍：奥吉特生物科技股份有限公司成立于 2007 年 7 月，位于河南省兰考县张庄村，注册资本 12 458.24 万元，公司下辖基料生产厂、出菇基地、食品加工厂、电子商务有限公司等分公司、子公司，分布于全国主要销售市场周边，是一家以褐蘑菇、双孢菇基料生产、种植、深加工与销售为一体的农业高科技股份制企业，具有独立进出口经营权，是国家农业产业化重点龙头企业。

产品介绍：褐蘑菇菌盖硕大，菌肉肥厚，鲜香浓郁，饱满多汁，享有"素牛排"的美誉。褐蘑菇在所有的菇类中，蛋白质含量最高。同时，也是天然的有机富硒食品，据检测，每 100 g 鲜褐蘑菇中含有 27.3 μg 硒元素。

白蘑菇与褐蘑菇同属双孢菇，是从褐蘑菇品种中分离并培育成功的品种，其外表光洁如玉，大小均一，鲜如春笋，晶莹剔透。

市场销售信息

奥吉特生物科技股份有限公司　联系人：李超　联系电话：18736291523

二、兰考县梦里张庄冬青渔业有限公司

获证产品： 黄河鲤鱼、花鲢、草鱼

获证产品证书编号： LB-36-20121615078A   LB-36-20121615079A

　　　　　　　　　　　LB-36-20121615080A

企业介绍： 兰考县梦里张庄冬青渔业
有限公司成立于 2018 年 10 月 23 日，注
册地点为河南省开封市兰考县东坝头镇张
庄村，注册资金 1 000 万元。公司种养地
点位于兰考县东坝头镇张庄村，现有养殖
用水面积 261 亩。公司本着构建生态体
系、植树造林、引鸟入林、林下种草、林
下养殖、鱼鹅鸡混养、生态循环、高效利
用、持续发展、科技发展的态度，为当地
打造美丽乡村，振兴乡村经济做出公司应
有的贡献。

产品介绍： 黄河鲤鱼体态丰满，肉质肥厚，不同于其他地区的鲤鱼，黄河鲤鱼体内
含有比较高的蛋白质和较低的脂肪，并含有多种维生素、氨基酸和人体必需的铁、铜、
锌等微量元素。花鲢属于高蛋白、低脂肪、低胆固醇的鱼类，营养价值高。草鱼肉质鲜
嫩，营养丰富，含有不饱和脂肪酸、蛋白质、磷元素等，能够为人体提供能量和营养元
素，是强壮身体的滋补佳品。

市场销售信息

兰考县梦里张庄冬青渔业有限公司　联系人：李冬青　联系电话：13839981558

三、开封天裕实业有限公司

获证产品：番茄、黄瓜、甜瓜、西瓜

获证产品证书编号：LB-15-20011601884A　LB-15-20011601885A

LB-15-21021604447A　LB-15-21021604448A

企业介绍： 开封天裕实业有限公司成立于2011年1月，位于焦裕禄精神的发祥地——兰考县，南临陇海铁路、连霍高速公路、310国道，北依日南高速公路，西望古都开封，东临220国道，地理位置优越，环境优美，交通发达，物流畅通。注册资金2 000万元，流转土地500亩，建成拱形棚180座，日光暖棚58座，智能育苗棚1座，注册了"七都皇粮""汴梁""汴京"商标。主要业务是蔬菜的种植、育苗和销售。种植黄瓜、番茄、西瓜、甜瓜等多种蔬菜水果，年产量4 000 t，销往省内外的大中型超市和大中专院校。公司走"公司＋基地＋合作社＋农户"的产业化经营模式，在生产过程中，采取统一测土配方施肥、统一生产记录、统一配送种苗、统一组织学习、统一蔬菜检测、统一销售六统一模式，标准化生产销售流程保证了产品品质。

产品介绍： 番茄皮薄、沙瓤、多汁、酸甜可口、香味浓郁。富含的"番茄素"有抑制细菌的作用。黄瓜肉质脆嫩、汁多味甘，生食生津解渴。西瓜采用先进的吊蔓技术，大小匀称。瓜皮薄，瓜瓤细腻甘甜，果肉鲜红，口感酥脆，汁多味甜，中心含糖量一般都可达12%，不易裂瓜。甜瓜果型端正、呈椭圆形，果皮翠白，果肉青绿，细腻多汁、甜脆爽口，*丝丝奶香*，产量高，耐储运、货架期长，营养品质突出。

市场销售信息

开封天裕实业有限公司　联系人：张世建　联系电话：13503481411

四、河南五农好食品有限公司

获证产品： 老酱豆、辣椒酱、调味黄豆酱、五农好花生

获证产品证书编号： LB-56-19051604491A　LB-56-19051604492A
LB-56-19051604493A　LB-09-18031601994A

企业介绍： 河南五农好食品有限公司创立于2011年4月，是一家集农产品种植、研发、生产加工、销售于一体的农业产业化省重点龙头企业，现有员工115名。公司拥有"五农好""嗑豁牙""豆婶儿"等品牌商标，主要有"五农好黄豆酱""五农辣椒酱""嗑豁牙瓜子""五农好醋""五农好花生"等30余款产品，是河南省首家熟酱标准企业。产品均已通过国家ISO 22000食品安全管理体系和ISO 9001质量管理体系认证、绿色食品认证、注册商标、包装专利、发明专利等，销售网络辐射国内外市场。2018年，公司被评为"农业产业化省重点龙头企业"。

产品介绍： 2014年，"五农好酱"被录入兰考县非物质文化遗产保护名录，已经注册商标和包装专利，荣获"中国农产品博览会优质产品奖""第十四届、第十五届国际农产品展览会金奖"等荣誉。"五农好花生"籽粒饱满、味道香浓、咸味适中、口感酥脆、脆而不硬，深受广大顾客的喜爱。

市场销售信息

河南五农好食品有限公司　联系人：魏净　联系电话：13243438371

五、兰考宏源食品有限公司

获证产品：萧美人花生

获证产品证书编号：LB-15-21031602689A

企业介绍：兰考宏源食品有限公司位于兰考县产业集聚区，2013年10月筹资5 000万元兴建，公司占地面积50亩，是一家集农作物种植、产品加工、销售为一体的企业，是兰考县重点龙头企业之一。公司采取科学的种植管理方式，严格按照绿色花生种植技术要求，从种到产各阶段，制定统一技术标准，加强病虫草害综合防治等，保证了花生原料的安全、优质、营养。在花生加工过程中，公司严格遵守绿色食品生产的各项规定，保证了产品的安全性。

产品介绍：萧美人花生具有悠久的历史渊源。相传清朝乾隆年间著名女点心师刘氏萧美人特意将花生上贡给朝廷，乾隆尝后龙颜大悦，赞不绝口，御赐"萧美人"之美名。萧美人花生制作时，将上等花生加入甘草、食盐、桂皮等调味料煮熟，于火炉上方文火烘焙，使色、香、味达到完美统一。

市场销售信息

兰考宏源食品有限公司　联系人：刘红伟　联系电话：18339294666

六、兰考果粮康种植专业合作社

获证产品：兰考红薯

获证产品证书编号：LB-13-19041602997A

企业介绍：兰考果粮康种植专业合作社成立于 2016 年 7 月，位于兰考县小宋镇方店村，是方店村村委重点支持单位，注册资金 500 万元，社员 100 余人，目前流转土地 800 余亩，托管耕地 3 000 余亩，种植红薯严格按照"五统一"要求，依据绿色生产规程开展红薯生产和销售。合作社通过几年的发展，现在是兰考县红薯协会会长单位。先后获得省级示范合作社，省级扶贫龙头企业，兰考县农业产业龙头企业等一系列荣誉。

产品介绍：兰考红薯块型均匀整齐、薯皮紫红光滑、薯肉橙红、色泽鲜亮；鲜食脆甜，熟食香味浓郁、甘甜可口、肉质细腻、绵软无丝；营养品质优势突出，富含钙、铁、β-胡萝卜素、粗纤维。

市场销售信息

兰考果粮康种植专业合作社　联系人：张波　联系电话：18837884168

七、兰考县甜心种植专业合作社

获证产品：兰考蜜瓜

获证产品证书编号：LB-18-21041603876A

企业介绍：兰考县甜心种植专业合作社成立于 2016 年，现有社员 140 多人，流转土地 2 600 亩，主要生产销售兰考蜜瓜。2018 年 4 月获绿色食品认证，2019 年 2 月成功注册"甜心兰"商标。2019 年 3 月，兰考县甜心种植专业合作社被全国妇联授予"巾帼建功先进集体荣誉称号"。兰考蜜瓜主要销往北京、上海、浙江等大型农贸市场、各大鲜果超市，深受消费者信赖。

产品介绍：兰考蜜瓜采用标准化大棚栽培模式，果型端正、呈椭圆形，果皮翠绿，网纹规整，果肉橙黄，细腻多汁、甜脆爽口，丝丝奶香，产量高，耐储运、货架期长。

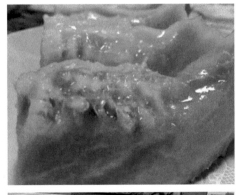

市场销售信息

兰考县甜心种植专业合作社　联系人：李永建　联系电话：13460616777

八、兰考县万恒食品有限公司

获证产品：堌阳馒头

获证产品证书编号：LB-50-18021601094A

企业介绍：兰考县万恒食品有限公司位于中州名镇乐器之乡河南兰考堌阳镇宋九路中段，成立于 2012 年 7 月 20 日，占地 85 亩，厂房 6 000 余平方米，员工 110 人（包括贫困户 29 人、留守妇女 50 人、管理人员 10 人），公司主要以农副产品深加工，潘府记馒头、老婆饼加工生产，潘府记香油、食用油生产及农产品批发为主。公司生产的香油、高粱醋、豆腐乳具有地方特色，远销多省，最具有代表性产品"潘府记传统馒头"更是远近皆知，销往全国各大城市，每逢节日多被客户作为礼品相赠。公司坚持以信誉求发展，质量求生存的原则，规模逐渐发展壮大，并被市场认可。

产品介绍："潘府记传统馒头"饮食文化历史悠久、传承有序，信誉闻名中原，素有"个头白又大，绵甜香万家"的美称。它除了富含人体所需的蛋白质、氨基酸、脂肪类、碳水化合物和维生素，还含有多种矿物质和微量元素。该馒头纯手工制作，个头大、白又亮、美观，具有养胃健脾、易于消化、补气养神等多种功能，又被称为"营养馒头"。

市场销售信息

兰考县万恒食品有限公司　联系人：潘盼盼　联系电话：18837847777

九、兰考县红兵种植专业合作社

获证产品：广东菜心

获证产品证书编号：LB-15-19021601388A

企业介绍：兰考县红兵种植专业合作社成立于 2017 年 8 月，位于河南省兰考县考城镇东马庄村，注册资金 8 000 万元，拥有办公楼 800 m²，冷库 1 700 m²，工程机械 16 台（套），设施占地面积 15 亩。有高级农艺师 1 名、高管 3 名、技术人员 5 名、中层管理人员 20 余名，引导当地 200 余名农民实现就地就业，现入股农户 513 户，入股土地 1 500 余亩。主要从事蔬菜种植，种植品种为广东菜心，2019 年 2 月通过绿色食品认证。并严格按照"五统一"要求，依据绿色生产规程开展广东菜心生产销售。

产品介绍：兰考县红兵种植专业合作社种植的广东菜心，又名菜薹，是南方常见蔬菜之一。菜心起源于中国南部，是中国广东的特产蔬菜。菜心是由白菜易抽薹的品种经过长期选择与栽培驯化而来，一年四季均可播种，现世界各地均有引种栽培。菜心营养丰富，风味可口，既可炒食亦可煮汤，是广受人们喜爱的蔬菜之一。具有清热解毒、降低胆固醇、预防贫血等作用。

市场销售信息

兰考县红兵种植专业合作社　联系人：贾红兵　联系电话：16627836777

十、兰考县胡寨哥哥农牧专业合作社

获证产品：番茄、黄瓜

获证产品证书编号：LB-15-21021604232A　LB-15-21021604233A

企业介绍：兰考县胡寨哥哥农牧专业合作社成立于2005年1月，注册资金140万元。合作社现有社员160户，并倡导成立了由19家合作社组成的仪封乡农民生产合作联社，带领社员种植番茄、黄瓜大棚蔬菜200多亩，年产值800多万元，实行联合购销、统一技术、分散管理。按照绿色标准生产，产品主要销往北京国仁绿色联盟、大中华区慢食协会。郑州和产地周边主要采用宅配的方式，实现了规模化、集约化、生态可持续的发展模式。

产品介绍：番茄果色火红、形态优美、呈扁圆球形、营养丰富、味道沙甜、汁多爽口、番茄风味浓郁。黄瓜味甘、甜，有除热、解渴、利水利尿、消肿的功效。

市场销售信息

兰考县胡寨哥哥农牧专业合作社　联系人：王纪伟　联系电话：13837822598

十一、兰考县乔庄果蔬种植专业合作社

获证产品：乔庄小米

获证产品证书编号：LB-14-19081607829A

企业介绍：兰考县乔庄果蔬种植专业合作社创办于 2012 年 12 月，是以土特产种植、生产、加工、包装、销售为一体的农业全产业链企业。生产基地位于兰考县惠安街道办乔庄村。兰考县乔庄果蔬种植专业合作社是全国巾帼脱贫示范种植基地。兰考县乔庄果蔬种植专业合作社秉承"好特产，原产地；将最好，送最亲"的企业理念，坚守"诚为信，品为上"的企业精神，充分利用兰考农业资源丰富的优势，将历史名产、地道材质、传统加工有机结合，充分展现了地方名优特产的文化和历史价值。2019 年，乔庄小米获得绿色食品证书，合作社以开发特色农产品为主线，走"公司＋基地＋农户"的发展模式，生产出的乔庄小米销往国内多个城市。乔庄小米是国务院扶贫办、中国证监会、北京金融街直供产品，带动周边农户 1 800 余户。

产品介绍：乔庄小米不上色、不打蜡、原生态，其米粒圆大、色泽金黄晶亮、颗粒饱满。相传乾隆皇帝出巡，路经兰阳小镇，西关高如恂接驾献上"龙米金汤"，甚得乾隆称赞，被封为贡米。乔庄小米原品种为"东路阴天旱"春谷，采用标准化种植、引进太阳能杀虫灯、生态防控、黄河水灌溉、石磨小米，原汁原味，营养健康，味道好。

市场销售信息

兰考县乔庄果蔬种植专业合作社　联系人：郭霞　联系电话：15993310666

十二、兰考县神人助粮油有限公司

获证产品：特制麦芯粉（小麦粉）、原味麦香粉（小麦粉）、家庭用雪花粉（小麦粉）、家庭原味粉（小麦粉）

获证产品证书编号：LB-02-20121614930A　LB-02-20121614931A
LB-02-20121614932A　LB-02-20121614933A

企业介绍：兰考县神人助粮油有限公司成立于 2010 年 7 月，是一家集粮食储存和面粉加工、销售为一体的民营企业。厂址位于兰考县陇海路 57 号，注册资金 6 500 万元，占地面积 6.9 万 m²，主营小麦收购加工。兰考县神人助粮油有限公司现有日加工小麦 1 000 t 全自动进口面粉生产线一条，配备 1 050 m 铁路专用线一条，日配粉能力 2 000 t。产品注册商标"全兴"和"神人助"，主要销往广东、广西、上海、江西、湖北、四川、重庆、云南、青海、甘肃等省市。兰考县神人助粮油有限公司依托兰考县谷营镇、仪封乡、葡萄架乡等乡镇小麦种植基地，采取"企业＋合作社＋农户"的管理模式，共开发 60 000 余亩绿色小麦种植基地，大力发展绿色小麦粉加工。兰考县神人助粮油有限公司成立以来，以质量求生存、诚信求发展，先后获得"农业产业化重点龙头企业""河南省农业产业化集群"、河南省放心粮油进社区示范工程"示范加工企业""河南省扶贫龙头企业""河南省好粮油加工企业""河南省放心粮油加工企业"，河南省"我最喜爱的绿色食品"等荣誉。

产品介绍：主要产品有发酵食品、蒸煮食品、烘焙食品、油炸食品、家庭用粉五大系列 40 多个品种，目前经中国绿色食品发展中心审核，兰考县神人助粮油有限公司生产的"神人助"牌特制麦芯粉、原味麦香粉、家庭用雪花粉、家庭原味粉 4 种面粉符合绿色食品 A 级标准，被认定为绿色食品 A 级产品，年产量 20 000 余吨。

市场销售信息

兰考县神人助粮油有限公司　联系人：任雪岩　联系电话：0371-26917123

十三、兰考县荣丰金果园种植专业合作社

获证产品：桃、杏、蟠桃、核桃、葡萄

获证产品证书编号：LB-19-20101609700A　LB-18-20101609701A
LB-19-20101609702A　LB-18-20101609703A
LB-18-21031604329A

企业介绍：兰考县荣丰金果园种植专业合作社成立于2014年9月，位于兰考县胜利路南段西侧，注册资金80万元。合作社按照"生产在家，服务在社"的理念，不断完善运行机制。统一供种，合作社按市场需求趋势，统一购进优质良种优价供给农户；统一供应农资，合作社统一采购农资并按批发价配送给农户，既防止了假劣农资又降低了成本；统一技术服务，合作社聘请了农技、植保专家编写种植技术要领，发放到户指导农户生产；统一收购销售，合作社首先按订单约定的价格收购农户产品。合作社成立至今为地方经济发展和促进广大农民群众脱贫奔康作出了应有的贡献。

产品介绍：桃多汁有香味，味道甘甜可口，是一种营养价值很高的水果，富含多种维生素、矿物质及果酸，其含铁量居水果之冠，有补益气血、养阴生津的作用。杏果实球形，黄色至黄红色，常具红晕，微被短柔毛；果肉多汁，成熟时不开裂；肉质细腻、汁液充沛、香味浓郁、酸甜适口、满口留香。蟠桃果实形状宽椭圆形、色泽橙黄色、多汁有香味、甘甜可口；蟠桃营养丰富、风味优美、外形美观，被人们誉为长寿果品。核桃营养价值丰富，有"万岁子""长寿果""养生之宝"的美誉。葡萄品种主要是阳光玫瑰、红宝石等优质的品种，肉硬皮薄，风味佳，成熟的浆果甜味足且营养丰富，耐储存。

市场销售信息

兰考县荣丰金果园种植专业合作社　联系人：赵乾荣　联系电话：13598792623

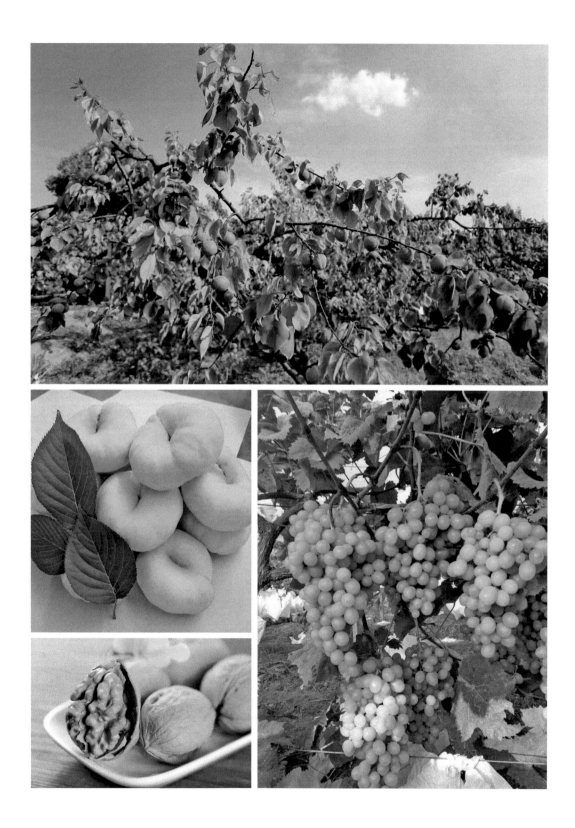

十四、兰考县信禾种植专业合作社

获证产品：桐乡小米

获证产品证书编号：LB-14-21021604745A

企业介绍：兰考县信禾种植专业合作社成立于 2012 年 5 月，是一家从事农业规模化种植、管理、加工、销售、服务为一体的专业化合作社。谷子种植面积 2 000 余亩，小米加工厂房 3 000 m²，拥有小米加工生产线两条。采用"合作社＋农户"的模式，带领更多有意愿种植谷子的基地和农户发展谷子种植。合作社致力于为社会提供放心安全的绿色农副产品，做中国现代化农业和规模化农业的引领者与创新者，始终坚持用"真诚"开辟农村市场，紧贴农村、农民和农业的需求，扎根农村，服务三农，创立一种可复制的模式，为农村发展做出信禾人自己的贡献。

产品介绍：桐乡小米采用标准化种植，引进太阳能杀虫灯，生态防控，种植基地位于黄河故道，美丽的兰考县桐乡街道高场社区，黄河水灌溉。石磨小米，不上色、不打蜡、原汁原味、营养健康、味道好。

市场销售信息

兰考县信禾种植专业合作社　联系人：杨冲亚　联系电话：15939032303

十五、河南润野食品有限公司

获证产品：黄桃罐头、蜜瓜罐头、食用菌罐头

获证产品证书编号：LB-20-21021603877A   LB-20-19081607819A
LB-20-19081607820A

企业介绍：河南润野食品有限公司成立于 2011 年 6 月，位于兰考县华梁路 39 号，占地面积 100 亩，现有员工 126 人。主要从事食用菌、果蔬罐头加工。注册资金 3 000 万元，2020 年总资产达到 7 768 万元，销售收入 1.22 亿元。2016 年，获河南省农业产业化重点龙头企业称号；2016 年 9 月在中原股权交易中心成功挂牌（200520）；2018—2019 年两次获河南省"我最喜爱的绿色食品"证书，2018 年"润野"牌黄桃罐头在 16 届国际农洽会与 21 届、22 届农贸会获金质产品证书及河南省知名农业品牌"产品品牌"证书。公司始终本着以科技为先导、以市场需求为导向，以产业发展、农民增收为目标，按照"一村一品、重点扶持、整体推进"的原则，不断加快食用菌生产基地建设，稳步扩大生产规模，提高产品科技含量。公司以河南省农业科学院、河南省食用菌研究所等科研机构为依托，紧紧围绕打造豫东最大食用菌生产基地为目标，建立了"龙头企业＋合作社＋基地＋农户"的新型发展模式，走出了一条农民与公司利益共享、风险共担的"双赢"之路。

产品介绍：公司生产的罐头产品营养丰富，开罐即食，老幼皆宜。常温下保质期 24 个月。黄桃罐头中富含 β – 胡萝卜素，番茄黄素，维生素 C，维生素 B_2 及铁、钙、硒、锌等多种微量元素。产品以 312 g、425 g、820 g、3 000 g 多种马口铁易拉罐包装。蜜瓜罐头是一种营养价值非常丰富的水果罐头，抗氧化物质含量非常高，适量食用，也可以有效补充身体所需要的胡萝卜素，对于改善眼疲劳和缓解夜盲症有一定的辅助治疗作用。产品以 210 g、425 g、820 g 多种马口铁易拉罐包装。食用菌罐头采用多种食用菌，经过科学加工工艺精制而成，其营养价值十分丰富，含有丰富的蛋白质、微量元素及各种维生素。绿色食用菌罐头种类包括姬菇、草菇、滑子菇、金针菇、猴头菇、鸡冠菌、杏鲍菇、什锦菇、牛肝菌、香菇、白灵菇等十多个食用菌系列产品，以 820 g、3 000 g 两种马口铁易拉罐包装，可以独立或佐配多种餐桌菜肴。

市场销售信息

河南润野食品有限公司　联系人：陈满刚　联系电话：13393822077

十六、河南省曲大姐食品有限公司

获证产品： 红薯饼干、红薯蛋仔饼、白蘑菇香酥饼、蜜瓜饼干、红薯蛋仔脆、褐蘑菇香酥饼

获证产品证书编号： LB-51-20121615276A　 LB-51-20121615277A
LB-51-20121615278A　 LB-51-20121615279A
LB-51-20121615280A　 LB-51-20121615281A

企业介绍： 河南省曲大姐食品有限公司成立于 2017 年，注册资金 1 000 万元。主营产品有红薯饼干、蜜瓜饼干、蘑菇饼干、桑叶饼干、桃酥、蘑菇挂面、桑叶挂面等休闲食品，集产品开发、生产、销售为一体；经过潜心经营和经验积累，公司在业内获得了诸多客户的认可和青睐。公司采用"企业＋基地＋农户＋贫困户＋入股合作"的模式。公司与农户协议收购，建立最低保护收购价格等利益联结方式，形成稳定的经营关系，建立小麦面粉、蘑菇、蜜瓜、红薯等种植基地，与专业大户签订收购合同，带动农户3 000 余户，订单种植面积 8 200 亩，促进农户增收 400 多万元。目前，公司产品覆盖全国 20 多个省市、自治区，对接商场、经销商 218 家。公司以专业的队伍、严谨的管理、优良的设备，着力打造"曲大姐"系列品牌，争做糕饼类休闲食品的领头羊。曲大姐食品将以市场为导向，创新务实、开拓进取、稳健经营，一如既往地以良好的品质和信誉为消费者提供优质、安全、营养、健康、美味的产品。

产品介绍： 红薯饼干、红薯蛋仔饼、红薯蛋仔脆选用绿色优质兰考红薯作为主要原料，采用先进的生产工艺制作而成，富含维生素 B、维生素 A、铁、蛋白质、膳食、果糖、钙、氨基酸、胡萝卜素等多种营养成分。用兰考红薯制作的饼干得到了全国各地客户的广泛认可。白蘑菇香酥饼、褐蘑菇香酥饼选用绿色优质的白蘑菇、褐蘑菇，精选出肥嫩多汁的新鲜蘑菇，以确保每一块饼干的品质。蜜瓜饼干选用绿色优质的兰考蜜瓜，采用先进的生产工艺，美味可口，可以满足人体每日维生素 A 和维生素 C 的需要，富含类黄酮、铁、钾、叶酸等多种营养成分，具有补血、防晒、利便等功效。

市场销售信息

河南省曲大姐食品有限公司　 联系人：孔维补　 联系电话：18937802222

十七、兰考县万源家庭农场

获证产品：核桃、晚秋黄梨、桃、苹果

获证产品证书编号： LB-19-21021604324A

LB-19-21021604325A

LB-18-20111611480A

LB-18-20111611481A

企业介绍：兰考县万源家庭农场位于兰考县闫楼乡郭庄村，注册资金40万元，农场共经营土地432.8亩，主要从事核桃、晚秋黄梨、桃、苹果等果树种植及销售业务。2014年，兰考县万源家庭农场被评为第一批县级示范家庭农场，同年又被评为第一批省级示范家庭农场。为发展果树生产，兰考县万源家庭农场从三门峡引进薄皮核桃100亩、从河北廊坊引进晚秋黄梨100亩、从山东烟台引进优质苹果110亩，从安徽引进桃110亩。严格按照绿色生产技术规程进行生产，目前核桃、晚秋黄梨、桃、苹果已进入盛果期，实现收入360万元，创利润50万元。

产品介绍：核桃与扁桃、腰果、榛子并称为世界著名的"四大干果"。核桃仁含有丰富的营养元素，每百克含蛋白质15～20 g，碳水化合物10 g；并含有人体必需的钙、磷、铁等多种微量元素和矿物质，以及胡萝卜素、核黄素等多种维生素，是深受消费者喜爱的坚果类食品之一。晚秋黄梨果型呈近圆形，梨皮为黄色，果肉呈白色，肉质又软又薄，口感香甜。成熟的桃子呈球形，果皮红里透白，果肉白里透红，味甜多汁，营养丰富。苹果色泽鲜艳红润、外表光滑细腻、口感浓香脆甜、蜡质层厚、含糖量高、抗氧化、耐储存，富含对人体有益的铁、锌、锰、钙等微量元素，经常食用，可助消化、养颜润肤。

市场销售信息

兰考县万源家庭农场 联系人：董云 联系电话：13837883658

十八、兰考县李彬瓜果蔬菜种植专业合作社

获证产品：苹果

获证产品证书编号：LB-18-21021604322A

企业介绍：兰考县李彬瓜果蔬菜种植专业合作社成立于 2009 年 2 月，基地位于兰考县仪封乡仪封园艺场。兰考县李彬瓜果蔬菜种植专业合作社成立以来，始终以科技为先导，坚持绿色发展理念，社员由原来的 13 人发展到现在的 110 人，种植面积由原来的几十亩，发展到现在 1 100 亩。合作社生产的苹果于 2016 年 12 月注册了"宜香园"商标，于 2018 年 3 月通过中国绿色食品发展中心审核，并颁发绿色食品证书。

产品介绍：仪封园艺场是兰考县苹果的主栽区，位于黄河故道，依靠独特的土壤和水质优势，生产出来的苹果色泽鲜艳红润、外表光滑细腻、口感浓香脆甜、蜡质层厚、含糖量高、抗氧化、耐储存，富含对人体有益的铁、锌、锰、钙等微量元素，经常食用，有助消化、养颜润肤的作用，深受消费者欢迎。

市场销售信息

兰考县李彬瓜果蔬菜种植专业合作社　联系人：李彬彬　联系电话：13839961001

十九、兰考县凤玉食用菌专业合作社

获证产品：木耳、平菇

获证产品证书编号：LB-21-21021604225A　LB-21-21021604226A

企业介绍：兰考县凤玉食用菌专业合作社成立于 2012 年 7 月，注册资金 700 万元，流转土地 64 亩，从业人员 25 人，技术人员 4 人，年产平菇 340 t，木耳 120 t，年产值达 230 万元，年利润 50 万元。合作社生产的每批次平菇、木耳，在销售前，都进行检测，确保基地销售的平菇、木耳全部达到绿色食品标准。生产过程中不使用任何农药、化肥，避免了在生产过程中对环境造成污染，同时也保证了食用菌的有机绿色。

产品介绍：木耳质地柔软，口感脆嫩，味道鲜美，富含蛋白质、脂肪、糖类及多种维生素和矿物质，粗纤维含量高，对人体内营养物质的消化、吸收和代谢有很好的促进作用。可以凉拌、清炒、煲汤，深受消费者的喜爱。平菇形状呈扇状或贝壳状，菌体呈白色，菌盖肉质肥厚柔软，平菇性温、味甘，营养丰富，可增强体质。

市场销售信息

兰考县凤玉食用菌业合作社　联系人：程玉河　联系电话：15837818501

二十、兰考县红庙镇万家食用菌种植专业合作社

获证产品：香菇

获证产品证书编号：LB-21-21011604213A

企业介绍：兰考县红庙镇万家食用菌种植专业合作社成立于2011年3月，注册资金500万元，2015年9月被农业部批准为无公害食用菌种植基地，2015年被河南省农业厅授予农民合作社示范社。兰考县红庙镇万家食用菌种植专业合作社拥有一支高水平的科研队伍和锐意进取的生产、管理团队，从业人员153人，其中本科以上学历5人，大专学历17人，合作社与河南省农业科学院、河南农业大学等科研院校建立了技术协作关

系。2011年年初，合作社流转土地480亩，建成了500个香菇种植大棚，辐射带动周边233户农民，提升了当地现代农业水平、提高了农民科技意识、推进了农业产业化进程。

产品介绍：香菇肉质肥厚细嫩、味道鲜美、香气独特、营养丰富，是含有高蛋白、低脂肪、多糖、多种氨基酸和多种维生素的菌类食物，食药同源，具有很高的营养、药用和保健价值。

市场销售信息

兰考县红庙镇万家食用菌种植专业合作社　联系人：郭怀朝　联系电话：13015508606

二十一、兰考县天源蔬果种植专业合作社

获证产品：葡萄

获证产品证书编号：LB-18-21041604327A

企业介绍： 兰考县天源蔬果种植专业合作社位于河南省兰考县南彰镇后城子村，是一家致力于大棚葡萄、薄皮甜瓜果品种植、销售及服务为一体的一家专业合作社；基地周围没有工矿、企业等污染源，有利于发展绿色农业。该合作社成立于 2011 年 4 月，投资 300 万元，职能完善，人才队伍建设合理。现有管理人员 10 人、技术人员 2 人，社员 70 户。

产品介绍： 葡萄采用避雨栽培模式，严格绿色食品生产标准进行管理，成熟的果实肉硬皮薄，风味佳，甜度好，且富含钙、钾、磷、铁等矿物质、多种维生素以及多种人体必需氨基酸，常食有益于身体健康。

市场销售信息

兰考县天源蔬果种植业合作社　联系人：师军帅　联系电话：15837877786

二十二、兰考县明府种植家庭农场

获证产品：兰考红薯、黄瓜、西红柿

获证产品证书编号：LB-15-21021614144A　LB-15-21021614145A
　　　　　　　　　　LB-15-21031604332A

企业介绍：兰考县明府种植家庭农场
成立于 2014 年 8 月，投资 110 万元，位于
兰考县堌阳镇南关村，经营范围：农作物、
果树、蔬菜种植加工销售。现有温室蔬菜
大棚 3 座，钢结构蔬菜大棚 14 座，蔬菜年
生产量 260 t，实现销售收入 80 万元，盈
利 15 万元。该农场地理位置优越，交通便
利，临近日南高速和 106 国道，有利于蔬
菜农产品的销售调运，农场管理规范，各
项制度完善。2015 年被评为"兰考县示范
农场"，2017 年被评为"河南省 O2O 乐村
淘电子商务示范点基地"。

产品介绍：兰考红薯块型均匀整齐，薯皮紫红光滑、薯肉橙红、色泽鲜亮，鲜食
脆甜，熟食香味浓郁、甘甜可口、肉质细腻、绵软无丝。营养品质优势突出，富含钙、
铁、β-胡萝卜素、粗纤维。黄瓜脆嫩清香、味道鲜美、汁多味甘，生食生津止渴，有
清热、利水、消肿之功效。西红柿色泽艳丽、形态优美、营养丰富、皮薄且沙瓤多汁，
酸甜可口。

市场销售信息
兰考县明府种植家庭农场　联系人：侯彦春　联系电话：18738975768

二十三、兰考县祥瑞果品专业合作社

获证产品： 映霜红桃

获证产品证书编号： LB-18-21031604317A

企业介绍： 兰考县祥瑞果品专业合作社位于兰考县仪封乡东老君营村，占地530余亩，交通便利、灌溉条件好，土壤适宜桃树种植，周围无矿场、企业等污染源，合作社以生产绿色食品映霜红桃为己任，全程绿色、无污染、可追溯；合作社聘请多名市、县技术专家进行跟踪指导，现已经发展农户86家。映霜红桃种植基地地域优势明显、基础设施完善、农业技术先进、阳光水源充足、生产全程质量把控、统一管理、高标准化统一生产，并统一销售，产品远销北京、上海、深圳等地。

产品介绍： 映霜红桃成熟期为每年10月中下旬，树上留果至11月上旬，单果重量500g左右，皮薄肉脆，核小肉多，果面呈鲜艳玫瑰色，果肉呈乳白色，口感脆甜可口，清香宜人，含糖量高，让人意犹未尽。在不影响、不损害桃子正常生长与成熟的前提下，对映霜红桃进行套袋，不仅隔离农药与环境污染，而且隔离病虫害及尘土，使成熟桃子表面光洁、色泽鲜艳，提高了桃子品质，效益显著。映霜红桃使用的是百虫草生物菌有机肥，大量的有益活性菌对改良土壤提高植物的产量、品质有着很好的促进作用。

市场采购信息

兰考县祥瑞果品专业合作社　联系人：王志文　联系电话：18595584000

二十四、兰考县九洲树莓种植专业合作社

获证产品：树莓

获证产品证书编号：LB-18-21021604326A

企业介绍：兰考县九洲树莓种植专业合作社成立于2013年10月，注册资金500万元，位于河南省兰考县爪营乡齐场村西北部，106国道南侧，是兰考县重点发展的高效农业项目之一。目前合作社总投资1 100万元，通过土地流转集中连片发展树莓种植2 000余亩，年产树莓80万kg，年产值800万元，辐射爪营乡栗东村、栗西村、齐场村、四村、曹庄村5个行政村，发展社员300多户。合作社有规范的章程、健全的组织机构、完善的财务管理制度，有独立的银行账号和会计账簿，建立了社员账户，具有完善的自我发展机制、民主管理决策机制和利益分配机制。

产品介绍：树莓果实鲜红亮丽、光润诱人、味道甜酸适口、浆果含糖8% ～ 11%、含酸量2%、风味浓、香味厚、果个均匀、耐储存。具有涩精益肾、助阳明目、醒酒止渴、化痰解毒之功效。

兰考县九洲树莓种植专业合作社　联系人：邵影洲　联系电话：13333781688

二十五、兰考县晨星家庭农场有限公司

获证产品：苹果、葡萄、桃

获证产品证书编号：LB-18-21031604426A　　LB-18-21031604427A

LB-18-21031604428A

企业介绍：兰考县晨星家庭农场有限公司成立于2015年12月，注册资金500万元，经营范围：农作物种植、销售，畜禽养殖、销售，农产品初级加工、林木种植等。兰考县晨星家庭农场有限公司位于兰考县仪封乡河南省国营仪封园艺场三分场。种植品种有：桃树240亩、苹果树180亩、葡萄树80亩，建成温室桃树大棚20个，年总产值825万元左右。为了使生产水平、产品质量不断提高，兰考县晨星家庭农场有限公司实行科学栽培管理；坚持科学、平衡施肥原则，推广使用有机肥和生物肥；推广农业防治、生态防治、物理防治技术；注重搞好田园清洁、土壤消毒、轮作倒茬；完善水利设施，健全排灌系统。提升了现代农业水平，提高了农民科学种田意识，推进了农业产业化进程。

产品介绍：苹果色泽鲜艳红润、外表光滑细腻、口感浓香脆甜、蜡质层厚、含糖量高、抗氧化、耐储存，富含对人体有益的铁、锌、锰、钙等微量元素，经常食用可起到帮助消化、养颜润肤的独特作用，深受消费者欢迎。葡萄品种主要是阳光玫瑰、夏黑等优质品种，采用避雨栽培模式，严格按照绿色食品生产标准进行管理。葡萄果穗长，果肉硬皮薄，汁多，风味佳。桃是一种营养价值很高的水果，富含多种维生素、矿物质及果酸，其含铁量居水果之冠，是缺铁性贫血病人的理想辅助食物，同时具有补益气血、养阴生津的作用。

市场销售信息

兰考县晨星家庭农场有限公司　联系人：张卫星　联系电话：13903786999

二十六、兰考县潘根记种植专业合作社

获证产品：黑花生、黑小麦、铁棍山药

获证产品证书编号：LB-09-21031604417A　LB-01-21031604418A

LB-15-21031604419A

企业介绍：兰考县潘根记种植专业合作社成立于 2014 年 7 月，注册资金 100 万元，位于兰考县谷营镇程场村。合作社种植的铁棍山药于 2018 年 3 月获得绿色食品证书，2019 年被评为河南省"我最喜爱的绿色食品"。合作社运用现代营销理念进行销售，有淘宝店、微店和自己的商城，线下有实体店。产品作为河南土特产和礼品销往全国各地，受到广大新老客户的喜爱。我们始终相信"质量是企业发展的根本，诚信是企业发展的基础"，选择了我们就是选择了优质，选择了放心。

产品介绍：黑花生颗粒饱满，甘香回甜，富含钙、锌、铁、硒等微量元素，以及多种维生素、氨基酸等，具有很高的营养价值。黑小麦籽粒硬质，呈长圆形，黑色或者黑紫色，且营养丰富。相比普通小麦，黑小麦蛋白质质量更优良、氨基酸种类更齐全、比例也明显优于普通小麦。黑小麦中所含的天然色素非常丰富，具有非常良好的抗氧化和防病治病的作用。铁棍山药外观有特有的"铁锈红"标志，口感柔软、细腻香甜、入口即化、久煮不散。为了创造更好的品质和口感，特别选取兰考特有的半淤半沙土质，坚持土法种植，精心管理。

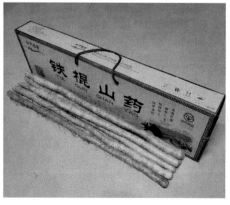

市场销售信息

兰考县潘根记种植专业合作社　联系人：潘春婷　联系电话：15565138788

二十七、河南贺丰农业科技有限公司

获证产品：沙宝红香薯

获证产品证书编号：LB-13-20121614963A

企业介绍：河南贺丰农业科技有限公司成立于2016年，注册资金3 800万元，生产基地位于兰考县谷营镇金庙村，是一家致力于兰考红薯特色农产品种植、销售及服务为一体的专业公司。建设有兰考红薯标准化种植示范园，实现兰考红薯的规模化、标准化、品牌化发展新模式。基地周围没有工矿企业等污染源，有利于发展绿色食品。

产品介绍：沙宝红香薯，块型均匀整齐、薯皮紫红光滑、薯肉橙红、色泽鲜亮，鲜食脆甜，熟食香味浓郁、甘甜可口、肉质细腻、绵软无丝。品质优良，干物质含量高，富含淀粉、蛋白质、粗纤维、赖氨酸、胡萝卜素、维生素A、亚油酸等人体必需的营养成分以及钾、铁、铜、硒、钙等10多种微量元素。

市场销售信息

河南贺丰农业科技有限公司　联系人：李铭　联系电话：15150324883

二十八、河南森源农业科技有限公司

获证产品： 大豆、花生、迷迭香、小麦

获证产品证书编号： LB–07–21031606966A　LB–09–21031606967A
LB–56–21031606968A　LB–01–21031606969A

企业介绍： 河南森源农业科技有限公司位于兰考县谷营镇，注册资金1亿元。经营范围涵盖农业技术开发、农作物种植及农产品销售、水产品养殖及销售、自建农业观光服务等。现有员工28人，全部为大专以上学历，流转土地7 500亩，主要种植迷迭香、小麦、花生、大豆等。公司拥有凯斯PUMA1805拖拉机、纽约兰T1104拖拉机、意大利马斯奇奥动力驱动耙、意大利马斯奇奥气吸精量播种机、意大利进口割草机、深耕犁、智能喷灌系统等设备，实现了农业现代化。为了提升森源农业品牌知名度及产品竞争力，公司积极进行绿色食品认证申报。2017年年底，公司种植的迷迭香、小麦、大豆、花生，获得绿色食品认证，按照绿色标准生产，实现了规模化、集约化、生态可持续的发展模式。公司种植的系列产品在市场上竞争力明显增强，知名度显著提升，客商纷纷前来洽谈业务，产品供不应求。

产品介绍： 公司绿色食品大豆种植面积600亩，年产量150 t。公司绿色食品花生种植面积1 200亩，年产量420 t。花生果壳网纹明显、果仁较大、椭圆形、色泽粉红。生食口感脆、入口香、回味甜。煮熟后口感清脆、回味甘甜。滋养补益，有助于延年益寿，所以民间又称"长生果"，并且和黄豆一样被誉为"植物肉""素中之荤"。公司绿色食品迷迭香种植面积1 000亩，年产量600 t。迷迭香是一种名贵的天然香料植物，生长季节会散发一种清香气味，有清心提神的功效。它的茎、叶和花具有宜人的香味，花和嫩枝提取的芳香油，可用于调配空气清洁剂、香水、香皂等化妆品原料。公司绿色食品小麦种植面积500亩，年产量200 t。

市场销售信息

河南森源农业科技有限公司　联系人：王跃伟　联系电话：15238015969

二十九、兰考润晟种植专业合作社

获证产品： 桃、梨

获证产品证书编号： LB-18-20121615015A　LB-18-20121615016A

企业介绍： 兰考润晟种植专业合作社位于兰考县南彰镇史庄村，注册资金200万元，主要从事桃、梨果树种植、销售业务。合作社职能完善、人才队伍建设合理。合作社聘请多名市、县技术专家进行跟踪指导，现已经发展农户32家，合作社对所有农产品实行统一管理、标准化生产，并统一销售。合作社基地远离公路、铁路干线，周围没有工厂企业等污染源，有利于发展绿色食品。

产品介绍： 合作社桃树种植面积150亩，年产量300 t。桃以冬桃为主，成熟期为每年10月中下旬，树上留果至11月上旬，桃子表面色泽鲜艳红晕，果肉呈乳白色，口感脆甜可口，桃香宜人。梨树种植面积200亩，年产量800 t。梨果型呈圆形，果皮为黄色，果肉白色，肉质细脆、多汁、无渣、果味香甜。经常吃梨能促进食欲，帮助消化，还有止咳润肺的功效。

市场销售信息

兰考润晟种植专业合作社　联系人：王红军　联系电话：13937814099

三十、兰考道荣种植专业合作社

获证产品：梨、桃

获证产品证书编号：LB-18-20121615075A　LB-18-20121615076A

企业介绍：兰考道荣种植专业合作社位于兰考县东坝头镇长胜村，注册资金180万元，主要从事梨、桃果树种植、销售业务。合作社职能完善，人才队伍建设合理，现已经发展农户40家。合作社种植基地区域远离公路、铁路干线，周围没有工厂企业等污染源，非常有利于发展绿色食品。

产品介绍：合作社梨树种植面积210亩，年产量820 t。梨果型近圆形，果色为黄绿色，果面光洁，果肉松脆、酥嫩、汁多味甜、营养丰富，有清热、润肺、解渴的功效。桃种植面积220亩，年产量440 t。所生产的桃果肉柔软、皮薄多汁、清甜可口，富含多种维生素、矿物质，有补益气血、养阴生津的作用。

市场销售信息

兰考道荣种植专业合作社　联系人：朱满党　联系电话：13569544818

三十一、河南恒兆农业发展有限公司

获证产品：兰考蜜瓜

获证产品证书编号：LB-15-20121615145A

企业介绍： 河南恒兆农业发展有限公司是一家致力于兰考蜜瓜种植、销售及服务为一体的现代化农业科技公司，公司成立于2017年2月，拥有员工27人，基地位于兰考县东坝头镇双井村，106国道北侧，交通十分便利，基地面积397亩，拥有塑料大棚300座，且周围没有工厂企业等污染源，有利于发展绿色食品。

产品介绍： "兰考蜜瓜"果型端正、呈椭圆形，果皮翠绿、网纹规整，果肉橙黄、细腻多汁、甜脆爽口、丝丝奶香，产量高，耐储运，货架期长。采用标准化大棚栽培模式，兰考蜜瓜是兰考县稳定脱贫奔小康的支柱产业，成为兰考农业的一张新名片。

市场销售信息

河南恒兆农业发展有限公司　联系人：孔德玉　联系电话：15137852598

三十二、兰考县惠林种植专业合作社

获证产品： 兰考蜜瓜、西瓜

获证产品证书编号： LB-15-21021615073A　LB-15-21021615074A

企业介绍： 兰考县惠林种植专业合作社是一家致力于瓜果蔬菜销售及服务的专业合作社，合作社成立于 2016 年 10 月 26 日，投资 100 万元，合作社职能完善、人才队伍建设合理，现有职工 15 人。兰考县惠林种植专业合作社位于河南省兰考县东坝头镇双井村，在 220 省道北侧，交通十分便利，基地面积 200 亩，塑料大棚 150 座，温室大棚 12 座，周围没有工厂企业等污染源，有利于发展绿色食品。

产品介绍： 兰考蜜瓜果型端正、呈椭圆形，果皮翠绿、网纹规整，果肉橙黄、细腻多汁、甜脆爽口、丝丝奶香，产量高，耐储运，货架期长。采用标准化大棚栽培模式，兰考蜜瓜是兰考县稳定脱贫奔小康的支柱产业，成为兰考农业的一张新名片。西瓜瓜型大小匀称，瓜皮薄，瓜瓤细腻甘甜，果肉鲜红、口感酥脆、汁多味甜，中心含糖量一般都可达 12%，不易裂瓜。

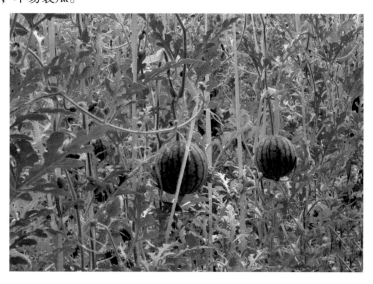

兰考县惠林种植专业合作社　联系人：高亚军　联系电话：18937859333

三十三、兰考县盛发果蔬种植专业合作社

获证产品： 兰考蜜瓜、辣椒

获证产品证书编号： LB-15-20121614746A　LB-15-20121614747A

企业介绍： 兰考县盛发果蔬种植专业合作社成立于2016年5月，投资200万元，是一家致力于瓜果、蔬菜等兰考特色农产品种植、销售及服务为一体的专业合作社。合作社职能完善，人才队伍建设合理，现有管理人员5人、技术人员5人，社员50人。合作社基地位于河南省兰考县南彰镇代李陈村，交通十分便利；基地周围没有工矿、企业等污染源，有利于发展绿色食品。

产品介绍： 兰考蜜瓜种植面积200亩，年产量840 t，果型端正、呈椭圆形、果皮翠绿、网纹规整，果肉橙黄、细腻多汁、甜脆爽口、*丝丝奶香*，产量高，耐储运，货架期长。采用标准化大棚栽培模式，生产管理规范，品质好。辣椒种植面积200亩，年产量2 040 t。辣椒果梗较粗壮，果实长指状，具有颜色鲜红、辣味浓郁、体形纤长、果肉肥厚等特点。

市场销售信息

兰考县盛发果蔬种植专业合作社　联系人：郭站胜　联系电话：13598776822

三十四、兰考富源蚕业有限公司

获证产品：桑葚

获证产品证书编号：LB-18-20101609693A

企业介绍：兰考富源蚕业有限公司位于兰考县堌阳镇北 2 km 处，地理环境优越，交通方便，厂容整洁。公司以植桑养蚕、加工鲜茧、桑叶茶、桑葚为主，年销售收入 5 900 万元，年利税总额 190 万元。公司现有员工 70 人，其中贫困人员 15 人。公司被评为开封市农业产业化经营重点龙头企业，2010 年被评为省级第一批林业产业化龙头企业，2011 年 12 月被河南省科学技术协会命名为 2011 年度河南省农村科普示范基地。

产品介绍：桑葚种植面积 1 000 亩，年产量 300 t，果实呈黑紫色或紫红色，个大、肉厚，酸甜可口，营养丰富，桑椹中含有多种功能性成分，如芦丁、花青素、白黎芦醇等，具有很好的保健功效。

市场销售信息

兰考富源蚕业有限公司　联系人：曲庆辉　联系电话：13781106170

三十五、兰考县合成种植专业合作社

获证产品： 西瓜、兰考蜜瓜

获证产品证书编号： LB-15-20121615235A　　LB-15-20121615236A

企业介绍： 兰考县合成种植专业合作社成立于2016年，位于河南省兰考县闫楼乡大付堂东村，交通十分便利；生产基地位于闫楼乡大付堂西村，周围没有工矿企业等污染源，有利于发展绿色食品。合作社现有员工40余人，专业技术人员5人，是一家致力于兰考蜜瓜、西瓜等兰考特色农产品种植、销售及服务为一体的一家专业合作社。

产品介绍： 西瓜大小匀称，瓜皮薄，呈浅绿色，上有13～15条明显的深绿色条纹，果皮有韧性，不易裂瓜；瓜瓤细腻甘甜，瓤色鲜红，口感酥脆，汁多味甜。兰考蜜瓜果型端正、呈椭圆形，果皮翠绿、网纹规整，果肉橙黄、细腻多汁、甜脆爽口、丝丝奶香，产量高，耐储运，货架期长。

市场销售信息

兰考县合成种植专业合作社　联系人：徐巧玲　联系电话：13043782991

三十六、兰考县大自然果木种植专业合作社

获证产品：桃、葡萄

获证产品证书编号：LB-18-21031604316A　LB-18-19081607858A

企业介绍：兰考县大自然果木种植专业合
作社成立于 2014 年 8 月，注册资金 500 万元，
位于兰考县东南部城关乡刘林村，流转土地
410 亩，社员 36 人。合作社以种植水果为主，
主要有桃 280 亩、葡萄 130 亩，年产值 760 万
元，净利润 150 万元。合作社采用一体化管理
模式，从苗木购进、生产管理到产品销售均有
严格的管理制度和专人负责，对社员进行不定
期技术培训，并提供产前、产中、产后全方位
服务。生产基地周围没有工矿、企业等污染源，有利于发展绿色食品。

产品介绍：合作社桃种植面积 280 亩，年产量 600 t，主要是冬桃。冬桃每年成熟
期为 10 月中下旬，树上留果至 11 月上旬，果面鲜艳呈玫瑰色，果肉呈乳白色，口感脆
甜可口，清香宜人。葡萄主要是夏黑、红宝石等优质品种，种植面积 130 亩，年产量
300 t，采用避雨栽培模式，严格绿色食品生产标准进行管理。葡萄肉硬皮薄，风味佳，
成熟的浆果中含糖量高达 10% ~ 30%，富含钙、钾、磷、铁等矿物质，多种维生素，
以及多种人体必需氨基酸，常食葡萄对神经衰弱、疲劳过度大有裨益。

市场销售信息

兰考县大自然果木种植专业合作社　联系人：冯艳强　联系电话：13781126678

三十七、兰考安泽种植专业合作社

获证产品：葡萄、桃

获证产品证书编号：LB-18-20121615013A　LB-18-20121615014A

企业介绍：兰考安泽种植专业合作社位于兰考县闫楼乡郭庄村，注册资金100万元，合作社以河南省农业科学院果树所为技术依托单位，主要从事葡萄、桃果树种植、销售业务。合作社按照"五统一"的管理模式，借助绿色食品的产品品牌优势，采取"绿色食品＋农户"的模式，集约经营、规模发展，全力打造区域品牌，带领群众运用标准化生产技术，建立了豫东最大的绿色食品阳光玫瑰葡萄绿色生产基地。

产品介绍：合作社葡萄种植品种为阳光玫瑰，种植面积520亩，年产量780 t，葡萄果穗大，穗形紧凑美观，果粒呈长椭圆形、果粉少、不裂果、不落粒、肉硬皮薄、风味佳、具有玫瑰香味。富含钙、钾、磷、铁等矿物质，多种维生素，以及多种人体必需氨基酸，营养丰富，为"果中珍品"。桃，以种植黄桃为主，种植面积150亩，年产量300 t。黄桃果皮为鲜艳的黄色，外形丰满、手感圆润、闻之清香、食之甘甜响脆，成熟糖度14～15°Bx。黄桃的营养十分丰富，含有丰富的维生素C和大量人体所需要的纤维素、胡萝卜素、番茄黄素、红素及多种微量元素。

市场销售信息

兰考县安泽种植专业合作社　联系人：郭永红　联系电话：15937806002

三十八、兰考县发田家庭农场

获证产品：芹菜、番茄、黄瓜、辣椒

获证产品证书编号：LB-15-20091608146A　LB-15-20091608147A
　　　　　　　　　LB-15-20091608148A　LB-15-20091608149A

企业介绍：兰考县发田家庭农场成立于 2013 年 12 月，投资 200 万元，经营范围为蔬菜种植和销售，位于兰考县红庙镇夏武营村。现有温室蔬菜大棚 40 座，钢结构蔬菜大棚 60 座，蔬菜年生产量 2 500 t，实现销售收入 3 000 万元，盈利 380 万元。该农场管理规范，各项制度完善，地理位置优越，交通便利，临近省道兰曹路和 240 国道，有利于蔬菜农产品的销售调运。

产品介绍：芹菜品质好、口味佳、香气适口。食用方法多样，属于百搭蔬菜，凉拌清脆爽口，热炒提味鲜香，百吃不厌。营养丰富，低碳 / 糖又减脂，对于控制体重也有好处。番茄色泽艳丽，形态优美，表皮薄而光滑，沙瓤、多汁，酸甜可口。富含的番茄素有抑制细菌的作用；苹果酸、柠檬酸和糖类，有助消化的功能；被称为神奇的菜中之果。黄瓜脆嫩清香、味道鲜美、汁多味甘，生食生津解渴，且有特殊芳香。有清热、解渴、利尿、消肿之功效。辣椒颜色鲜红、辣味浓郁、体形纤长，含维生素和多种营养成分。

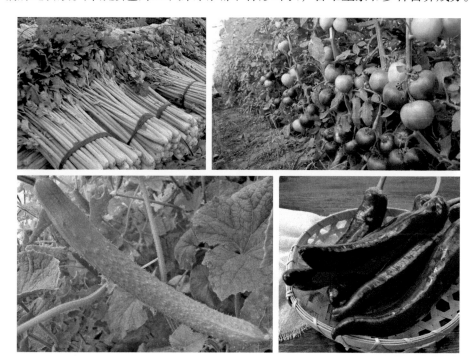

市场销售信息

兰考县发田家庭农场　联系人：张平安　联系电话：13598753031

三十九、兰考县树锋种植专业合作社

获证产品: 兰考蜜瓜

获证产品证书编号: LB-15-19031602530A

企业介绍: 兰考县树锋种植专业合作社成立于 2016 年 10 月,位于兰考县葡萄架乡贺村集村,是村委重点支持单位,注册资金 50 万元,下设市场营销部、生产技术部、后勤管理部、财务管理部 4 个机构,拥有社员 156 人,经营农作物、果蔬、中药材等作物的生产、初加工销售等,合作社现有冷库 1 座,包装场地 4 500 m²。目前建设蜜瓜大棚 280 座,占地 450 亩,并严格按照"五统一"要求,依据绿色生产标准开展蜜瓜生产销售。

产品介绍: 兰考县树锋种植专业合作社生产的兰考蜜瓜果实呈椭圆形,果皮翠绿,带有灰色或黄色条纹,果肉黄绿色或橘黄色,口感脆甜爽口,散发着怡人的香气,有丝丝奶香味和果香味。蜜瓜心糖度一般为 18°Bx 以上,蜜瓜边糖度 12°Bx 以上,单瓜重 2 kg 以上。

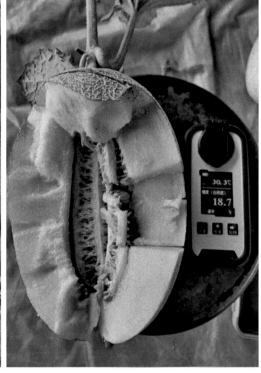

市场销售信息

兰考县树锋种植专业合作社　联系人:张树锋　联系电话:13592116652

四十、兰考县汇鑫种植专业合作社

获证产品：红薯

获证产品证书编号：LB-15-19031602525A

企业介绍：兰考县汇鑫种植专业合作社是一家成立于 2013 年的农民专业合作社，地址位于兰考县闫楼乡大李西村。注册资金 500 万元。占地 1 000 亩，现主要从事红薯及其他作物的种植和销售。另有果树 300 亩。现合作社有技术人员 7 人，农机手 2 人。普通工人 50 人，其中贫困户 18 人。年生产总值 360 万元，年利润 70 万元。按照绿色食品生产要求，规范农业投入品的使用，制定了绿色食品红蜜薯生产技术规范，进行规范化生产，供应高质量的农产品。

产品介绍：合作社红薯种植面积 620 亩，年产量 1 500 t，红薯块型均匀整齐，薯皮紫红光滑，薯肉橙红，色泽鲜亮；鲜食脆甜，熟食香味浓郁、甘甜可口、肉质细腻、绵软无丝。营养品质优势突出，富含钙、铁、β-胡萝卜素和粗纤维等。

市场销售信息

兰考县汇鑫种植专业合作社　联系人：吴继友　联系电话：13903813295

四十一、兰考本美种植专业合作社

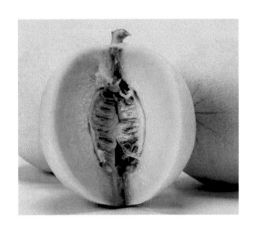

获证产品：兰考蜜瓜

获证产品证书编号：LB-15-19031602530A

企业介绍：兰考本美种植专业合作社成立于 2018 年 5 月，位于黄河故道兰考县葡萄架乡王庄村，313 省道南侧，交通便利。自建阳光大棚 100 余座，以种植高品质兰考蜜瓜为主，严格按照"五统一"要求，依据绿色生产标准种植。曾两次被央视报道，4 次获专业大赛大奖，年产蜜瓜 700 t，产值 520 万元，纯利润 120 万元，有效带动周边村民致富。

产品介绍：兰考蜜瓜果实呈椭圆形，果皮翠白，果肉黄绿色，脆甜爽口散发着怡人的混合香气，有丝丝奶香味和果香味。蜜瓜心糖度一般为 18°Bx 以上，蜜瓜边糖度 12°Bx 以上，单瓜重 2 kg 以上。

市场销售信息

兰考本美种植专业合作社　联系人：张盘根　联系电话：18537381135

四十二、兰考社思种植专业合作社

获证产品：兰考蜜瓜

获证产品证书编号：LB-15-20121615072A

企业介绍：兰考社思种植专业合作社是一家致力于瓜果蔬菜销售及服务的专业合作社，合作社成立于2016年8月，投资150万元，基地面积160亩，现有塑料大棚150座。合作社职能完善，人才队伍建设合理，现有职工20人，其中技术人员5人，管理人员3人，并严格按照"五统一"要求，依据绿色生产标准开展蜜瓜生产销售。合作社位于兰考县孟寨乡大力集村，在220省道南侧，周围没有工厂企业等污染源，有利于发展绿色食品。

产品介绍：合作社生产的兰考蜜瓜网纹厚皮甜瓜，果实呈椭圆形，果皮翠绿，带有灰色或黄色条纹，果肉黄绿色或橘黄色，脆甜爽口散发着怡人的混合香气，有丝丝奶香味和果香味。蜜瓜心糖度一般为18°Bx以上，蜜瓜边糖度12°Bx以上，单瓜重2 kg以上。

市场销售信息

兰考社思种植专业合作社　联系人：王社思　联系电话：15737859062

四十三、兰考大森林种植专业合作社

获证产品： 兰考红薯、兰考蜜瓜

获证产品证书编号： LB-15-20111612008A　LB-15-20111612009A

企业介绍： 兰考大森林种植专业合作社位于兰考县三义寨乡丁圪垱村村南，该园区建于2017年9月，占地520亩，建有果蔬大棚68座，日光温室2座，70 t冷库1座。该园区主要种植兰考红薯、兰考蜜瓜等兰考县特色农产品。目前带动本村就业150余人，其中有6人是建档立卡贫困户。产品的生产严格按照"五统一"要求，依据绿色生产标准开展蜜瓜生产销售。园区周围没有工厂企业等污染源，有利于发展绿色食品。

产品介绍： 合作社生产的兰考红薯块型均匀整齐，薯皮紫红光滑，薯肉橙红，色泽鲜亮；鲜食脆甜，熟食香味浓郁，甘甜可口，肉质细腻、绵软无丝。营养品质优势突出，富含钙、铁、β-胡萝卜素、粗纤维。合作社生产的兰考蜜瓜，果实呈椭圆形，果皮翠绿，带有灰色或黄色条纹，果肉黄绿色或橘黄色，脆甜爽口散发着怡人的混合香气，有丝丝奶香味和果香味。蜜瓜心糖度一般为18°Bx以上，蜜瓜边糖度12°Bx以上，单瓜重2 kg以上。

市场销售信息

兰考大森林种植专业合作社　联系人：张森　联系电话：13346776660

四十四、兰考文郑种植专业合作社

获证产品：西瓜、兰考红薯、兰考蜜瓜

获证产品证书编号：LB-15-20111612077A　LB-15-20111612078A
LB-15-20111612079A

企业介绍：兰考文郑种植专业合作社是一家致力于兰考蜜瓜、兰考红薯、西瓜等兰考特色农产品种植、销售及服务为一体的专业合作社。该合作社成立于2015年8月，投资50万元，合作社职能完善，人才队伍建设合理。现有管理人员3人、技术人员4人，社员32户。兰考文郑种植专业合作社位于河南省兰考县堌阳镇吕堂村，交通十分便利；基地周围没有工矿、企业等污染源，有利于发展绿色食品。

产品介绍：合作社生产的西瓜呈椭圆形，瓜大，瓜皮浅绿，有深绿条纹。瓜瓤红色，味甜多汁，清爽解渴，是盛夏佳果。兰考红薯块型均匀整齐，薯皮紫红光滑，薯肉橙红，色泽鲜亮；鲜食脆甜，熟食香味浓郁，甘甜可口，肉质细腻、绵软无丝。营养品质优势突出，富含钙、铁、β-胡萝卜素、粗纤维。兰考蜜瓜果实呈椭圆形，果皮翠绿，带有灰色或黄色条纹，果肉黄绿色或橘黄色，脆甜爽口散发着怡人的混合香气，有丝丝奶香味和果香味。蜜瓜心糖度一般为18°Bx以上，密瓜边糖度12°Bx以上，单瓜重2kg以上。

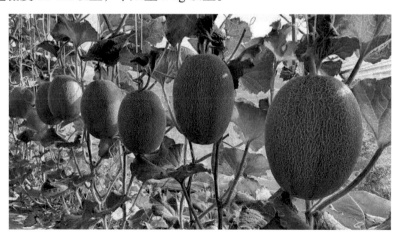

市场销售信息

兰考文郑种植专业合作社　联系人：王文郑　联系电话：18637861367

四十五、兰考桐香食用菌种植专业合作社

获证产品：香菇

获证产品证书编号： LB-21-20121615152A

企业介绍： 兰考桐香食用菌种植专业合作社成立于 2015 年 11 月，是一家专业从事香菇生产的合作社，位于兰考县桐乡街道王庄社区，交通便利。合作社对生产的香菇实行统一管理、统一种植、统一生产记录、统一销售的模式，保证了香菇的品质，提高了经济效益。同时辐射带动周边 60 户农民，提升了现代农业水平，提高了农民科技意识，推进了农业产业化进程。

产品介绍： 合作社生产的香菇体圆齐正，菌伞肥厚，盖面平滑，质感不碎，菌柄有坚硬感，色泽黄褐，菌伞下面的纹路紧密细白，菌柄短而粗壮，香气浓，口味极鲜。香菇营养丰富，含有大量的蛋白质及维生素等，有食疗功效，能提高人体免疫力。

市场销售信息

兰考桐香食用菌种植专业合作社　联系人：李玉玲　联系电话：13783900868

四十六、兰考耿鑫共赢种植专业合作社

获证产品： 西瓜、甜瓜、西红柿

获证产品证书编号： LB-15-20111612212A　LB-15-20111612213A
LB-15-20111612214A

企业介绍： 兰考耿鑫共赢种植专业合作社是一家致力于瓜果蔬菜销售与服务的专业合作社，合作社成立于2016年10月，投资400万元，合作社职能完善、人才队伍建设合理，现有职工人数25人，其中技术人员10人、管理人员15人。兰考耿鑫共赢种植专业合作社位于河南省兰考县仪封乡耿庄村，交通十分便利，基地面积400亩，温室大棚153座，周围没有工厂企业等污染源，有利于发展绿色食品。

产品介绍： 合作社生产的西瓜呈椭圆形，个大、皮绿、瓤红、味甜、多汁，肉质脆沙无孔洞、口感清脆爽口，能够清热解渴，是盛夏时节人们喜爱的消暑佳品。合作社生产的甜瓜，瓜皮灰绿、肉色淡绿、内厚2 cm、酥脆多汁、清甜爽口、品质优；糖分可达20%以上。含有蛋白质、胡萝卜素、维生素、磷、铁等多种营养成分。合作社生产的西红柿色泽艳丽，形态优美，果皮薄而光滑、沙瓤多汁，不空心，闻起来有淡淡清香，吃起来酸甜可口。营养价值高，助消化，富含的番茄红素还有独特的抗氧化作用，美容养颜。

市场销售信息

兰考耿鑫共赢种植专业合作社　联系人：冯永胜　联系电话：13781124155

四十七、兰考绿园种植专业合作社

获证产品： 花菜、兰考蜜瓜

获证产品证书编号： LB-15-21011600346A　LB-15-21011600347A

企业介绍： 兰考绿园种植专业合作社成立于 2015 年 1 月，位于兰考县仪封乡什伍村，占地 110 亩，投资 300 万元，是一家致力于瓜果蔬菜销售与服务的专业合作社，合作社职能完善、人才队伍建设合理，现有职工 20 人，其中技术人员 3 人、管理人员 2人、其他人员 15 人。合作社基地远离公路、铁路干线，周围没有工厂企业等污染源，有利于发展绿色食品。

产品介绍： 合作社生产的花菜，花球洁白紧密、鲜嫩爽口、清香嫩脆、食用风味好。富含矿物质钾、钙、硒和 β-胡萝卜素，热量低，多吃可以有效增强身体抵抗力。合作社生产的兰考蜜瓜网纹厚皮甜瓜，果实呈椭圆形，果皮翠绿，带有灰色或黄色条纹，果肉黄绿色或橘黄色，口感似香梨，脆甜爽口散发着怡人的混合香气，有丝丝奶香味和果香味。蜜瓜心糖度一般为 18°Bx 以上，蜜瓜边糖度 12°Bx 以上，单瓜重 2 kg以上。

市场销售信息

兰考绿园种植专业合作社　联系人：王景涛　联系电话：15226015226

四十八、兰考长春园种植专业合作社

获证产品： 甘蓝、兰考红薯

获证产品证书编号： LB-15-20121615267A　LB-15-20121615268A

企业介绍： 兰考长春园种植专业合作社成立于 2017 年 8 月，投资 500 万元，位于兰考县小宋乡孔庄寨村。兰考长春园种植专业合作社是一家致力于瓜果蔬菜销售与服务的专业合作社，合作社职能完善、人才队伍建设合理，现有职工人数 30 人，其中技术人员 3 人、管理人员 2 人，合作社基地远离公路、铁路干线，周围没有工厂企业等污染源，有利于发展绿色食品。

产品介绍： 合作社甘蓝种植面积 300 亩，年产量 1 500 t，球叶墨绿，表面光滑，蜡粉少，球形扁圆略鼓，叶球内部层次好，抗病、耐热、耐寒性好，商品性及品质俱佳。甘蓝营养丰富，含维生素 C、维生素 E 和胡萝卜素等，具有很好的抗氧化及抗衰老作用。兰考红薯种植面积 300 亩，年产量 600 t，红薯块型均匀整齐、薯皮紫红光滑、薯肉橙红、色泽鲜亮；鲜食脆甜，熟食香味浓郁、甘甜可口、肉质细腻、绵软无丝。营养品质优势突出，富含钙、铁、β–胡萝卜素、粗纤维。

市场销售信息

兰考长春园种植专业合作社　联系人：汤明东　联系电话：15716706631

四十九、兰考县植开种植专业合作社

获证产品：兰考蜜瓜

获证产品证书编号：LB-18-20041601330A

企业介绍：兰考县植开种植专业合作社是一家致力于瓜果蔬菜销售与服务的专业合作社，合作社成立于 2017 年 7 月，投资 130 万元，基地面积 268 亩，塑料大棚 153 座。合作社职能完善、人才队伍建设合理，现有职工人数 25 人，其中技术人员 10 人、管理人员 15 人。合作社位于河南省兰考县固阳镇东二村，在 214 省道北侧、106 国道西侧，交通十分便利，周围没有工厂企业等污染源，有利于发展绿色食品。

产品介绍：合作社生产的兰考蜜瓜采用标准化大棚栽培模式，果型端正、呈椭圆形，果皮翠绿、网纹规整、果肉为橙黄色，肉质细腻多汁、甜脆爽口、丝丝奶香，产量高，耐储运，货架期长。

市场销售信息

兰考县植开种植专业合作社　联系人：柴愿军　联系电话：18537371388

五十、兰考沃森百旺农业发展有限公司

获证产品：兰考蜜瓜

获证产品证书编号：LB-15-20111611875A

企业介绍：兰考沃森百旺农业发展有限公司成立于2017年11月，位于兰考县仪封乡毛古村，占地226亩，投资3 500万元，建设兰考蜜瓜标准化种植示范园，并在示范园内种植优质蜜瓜品种，为广大的兰考蜜瓜种植户做示范，引导瓜农大规模种植，实现兰考蜜瓜的规模化、标准化、品牌化发展。

产品介绍：公司生产的兰考蜜瓜采用标准化大棚栽培模式，果型端正、呈椭圆形，果皮翠绿、网纹规整，果肉橙黄、细腻多汁、甜脆爽口、丝丝奶香，产量高，耐储运，货架期长。蜜瓜心糖度一般为18°Bx以上，蜜瓜边糖度12°Bx以上，单瓜重2 kg以上。

市场销售信息

兰考沃森百旺农业发展有限公司　联系人：张宗志　联系电话：19937831298

五十一、兰考坤禾农业开发有限公司

获证产品：西瓜、蜜瓜

获证产品证书编号：LB-15-19091608893A　LB-15-20041601415A

企业介绍：兰考坤禾农业开发有限公司成立于2017年，是一家集西瓜和甜瓜优质

种苗繁育、订单种植、技术服务为一体的现代化农业科技公司。现流转土地580亩，拥有员工30人，企业在兰考坝头乡张庄村建设了核心示范基地。通过"公司＋农户"的方式扩大西瓜、蜜瓜种植面积，2018年标准化生产管理面积超过1 000亩，带动兰考县100多户贫困农户参与西瓜和蜜瓜订单生产，合作基地农户户均增收5 000元。

产品介绍：西瓜的种植采用先进的吊蔓技术，大小均匀，瓜皮薄，瓜瓤细腻，果肉鲜红，口感酥脆，汁多味甜，中心含糖量一般都可达12%，瓜皮韧性好，不易裂瓜。兰考蜜瓜采用标准化大棚栽培模式，果实呈椭圆形、果皮翠白、果肉为黄绿色、脆甜爽口、散发着怡人的奶香味和果香味。单瓜重2 kg以上，甜度高。

市场销售信息

兰考坤禾农业开发有限公司　联系人：杨超飞　联系电话：17760739567

五十二、杞县龙涛农作物种植专业合作社

获证产品：大蒜

获证产品证书编号：LB-15-21031602689A

企业简介：杞县龙涛农作物种植专业合作社成立于 2015 年 6 月，位于杞县高阳镇杨屯村，是村委重点支持单位，注册资金 1 000 万元，下设市场营销部、生产技术部、后勤管理部、财务管理部 4 个机构，拥有社员 121 人，经营水果、大蒜、花生、玉米等作物的生产及初加工销售，合作社现有大型冷库 3 座，加工车间 5 000 m²。目前流转土地 400 余亩，托管耕地 600 余亩种植大蒜，并严格按照"五统一"要求，依据绿色生产规程开展大蒜生产销售。

产品介绍：杞县龙涛农作物种植专业合作社生产的大蒜颜色为淡紫色，富含多种氨基酸和维生素，蒜瓣个大、色白、皮厚、不散头、蒜汁黏稠，有独特的香辣风味，营养丰富，皮较厚，耐储性能强，每头蒜有蒜瓣 10 ～ 20 粒。

市场销售信息

杞县龙涛农作物种植专业合作社　联系人：胡振涛　联系电话：15890988506

五十三、杞县诚乘农业种植专业合作社

获证产品：苹果

获证产品证书编号：LB-18-20101610499A

商标名称：文棒

企业介绍：杞县诚乘农业种植专业合作社成立于2014年，位于河南省杞县沙沃乡尚庄村，目前共流转和托管土地500余亩，合作社按照绿色食品生产操作规程开展苹果生产，实行统一的管理制度、统一的生产流程、统一的生产标准、统一的销售体系等一体化共同发展的管理模式。年产优质苹果500余吨。目前合作社已初具规模，合作社经济组织运行规范，带动作用明显，具有一定的市场竞争能力，合作社同时能较好地促进辐射区域农民苹果生产的组织化程度，提高了苹果产业化水平。

产品介绍："文棒"苹果单果重236～335 g，果型端正，丰满，果梗完整，果面为黄色，果点小而密；果肉淡黄色、硬脆多汁、酸甜适度、味正、有香味，该苹果于2020年入选"全国名特优新农产品"名录。

市场销售信息

杞县诚乘农业种植专业合作社　联系人：尚文棒　联系电话：13781122628

五十四、杞县长友生态种植专业合作社

获证产品： 红薯

获证产品证书编号： LB-15-1803160165A

商标名称： 彦友农场

企业简介： 杞县长友生态种植专业合作社成立于 2012 年 4 月，位于杞县平城乡前屯村，注册资金 200 万元，下设市场营销部、生产部、技术部、质量管理及综合部、财务管理部 5 个部门，且有一套完整的管理制度、考核制度、培训制度、财务管理制度。目前拥有社员 180 人。主要业务范围是水果、蔬菜、油料、粮食类作物的生产及初加工销售等。

产品介绍： 杞县长友生态种植专业合作社生产的红薯个大饱满，块型均匀整齐，薯皮紫红光滑，薯肉米白色，熟食有明显薯香味，软面，有甜味，少丝。其营养品质高，经检测，水分、钙、铁、粗纤维、淀粉含量均优于同类红薯参照值，2019 年入选"全国名特优新农产品"名录。

市场销售信息

杞县长友生态种植专业合作社　联系人：候彦友　联系电话：13781141986

五十五、杞县存平蘑菇种植专业合作社

获证产品： 双孢菇

获证产品证书编号： LB-21-19021601273A

商标名称： 盈冉

企业简介： 杞县存平蘑菇种植专业合作社位于付集镇吕寨村，是杞县产业扶贫基地。在付集镇党委政府，吕寨村委的支持下，以存平合作社为主的吕寨双孢菇生产基地集成发展，以"政府＋合作社＋基地＋农户"的产业发展模式，不断扩大生产规模、更新生产设备、创新生产手段、不断开拓市场、促使产业提质升级。合作社之间相互支持，优势互补，综合利用相互间的市场优势，资源共享，保证了吕寨双孢菇在销售方面有稳定的客源，保障了各基地的利益最大化。在原料使用方面，各基地统一配料、统一生产、统一菌种，实施标准化生产。2019年杞县存平蘑菇种植专业合作社成功获批了绿色双孢菇认证，为基地发展再次注入了一支强心剂。

产品介绍： 双孢菇菇体大小均匀，菌盖圆正、白色，直径 5.5～6.2 cm，无鳞片，光滑平展、菌盖厚、不易开伞，边缘内卷；菌柄中粗较直短，菌肉白色，组织结实，菌柄上有半膜状菌环，孢子印褐色；菌肉厚、白，切开后略变淡红色，口感滑嫩，味道清香，富含磷、钙、铁及维生素 C。

市场销售信息

杞县存平蘑菇种植专业合作社　联系人：吕建设　联系电话：15237831688

五十六、杞县康丰家庭农场

获证产品：小米

获证产品证书编号：LB-14-19111611069A

商标名称：蔡文姬

企业简介：杞县康丰家庭农场于2016年4月由胡培霞兄妹四人共同出资筹建，注册资金500万元，办公场所位于杞县苏木乡刘武屯村，目前共流转土地2 000余亩，主要业务范围是蔬菜、粮食类作物的生产及初加工。2018年，杞县康丰家庭农场注册了"蔡文姬"商标，是河南省农民示范专业合作社。

产品介绍："蔡文姬"小米穗状圆锥花序，穗长20～30 cm，小穗成簇聚生在三级枝梗上，小穗基本有刺毛。每穗结实数百至上千粒，籽实小，径约0.1 cm，谷穗一般成熟后金黄色，卵圆形籽实，粒小、黄色，具有色泽鲜黄明亮，煮粥汤色纯正，醇香黏糯，食味好的感官等特征。营养价值丰富，经检测，蛋白质含量9.1 g/100 g，维生素 B_1 含量2.21 mg/100 g，维生素 E 总和含量4.33 mg/100 g，铁元素含量2.46 mg/100 g，直链淀粉含量为17.1%，均优于同类产品参照值。

市场销售信息

杞县康丰家庭农场　联系人：胡培霞　联系电话：13460755655

五十七、杞县家强农作物种植专业合作社

获证产品：大蒜
获证产品证书编号：LB-15-21011600482A
商标名称：振杞

企业简介：杞县家强农作物种植专业合作社位于杞县沙沃乡雅陵岗村，成立于2015年，注册资金500万元。目前，合作社承包流转土地350余亩，质量可控种植面积合计达到1 500余亩，年产优质大蒜2 000余吨。2016年成立了开封市振杞电子商务有限公司，并注册了"振杞牌"商标。2019年被评为县级优秀农业生产经营主体。

产品介绍：杞县家强农作物种植专业合作社生产的大蒜具有个大、色白、皮厚、不散头、耐储藏、香味纯正、辣味适中、营养丰富等特点，富含碳水化合物、蛋白质、氨基酸、维生素、蒜素等，2019年入选"全国名特优新农产品"名录。

市场销售信息
杞县家强农作物种植专业合作社　联系人：宋家强　联系电话：13069329498

五十八、杞县吴磊农作物种植专业合作社

获证产品名称：辣椒

获证产品证书编号：LB-15-21021601330A

企业简介：杞县吴磊农作物种植专业合作社成立于 2017 年 11 月，是以建档立卡贫困户为主的合作社，注册资金 500 万元。2018 年，合作社着手绿色标准生产，依据绿色食品生产标准，建立了完整的管理体系。同时，在驻村工作队、村两委以及合作社负责人的带领下，发展规模扩大，拥有社员百余人。

产品介绍：杞县吴磊农作物种植专业合作社所生产的辣椒，椒形正、着色好、肉皮厚、产量高、品质优、耐储运、易干燥，有刺鼻的辛辣气味，辣度高、香味浓郁。

市场销售信息

杞县吴磊农作物种植专业合作社　联系人：韩铁军　联系电话：18236533993

五十九、杞县雍丘农民种植专业合作社

获证产品：大蒜

获证产品证书编号：LB-15-21011600481A

商标名称：雍丘

企业简介：杞县雍丘农民种植专业合作社位于杞县葛岗镇西云所村，成立于2013年，现有可储藏大蒜2 000 t，冷库1座，质量可控种植面积合计达4 500亩，年产优质大蒜6 000余吨。合作社严格按照绿色食品生产技术规程进行生产，坚持"预防为主，综合防治"的原则，合理使用农药和化肥，所产"雍丘"大蒜是河南省知名农产品品牌、全国名特优新农产品。

产品介绍："雍丘"大蒜皮层多，个头适中，呈淡紫色，香味纯正、辣味适中，产品中的赖氨酸、亮氨酸、缬氨酸等含量较高。

市场销售信息

杞县雍丘农民种植专业合作社　联系人：董国振　联系电话：18337897266

六十、杞县众鑫农产品专业合作社

获证产品：大蒜

获证产品证书编号：LB-15-21011600697A

商标名称：渊启

企业简介：杞县众鑫农产品专业合作社位于杞县城郊乡平厂村，地理环境优越，是农民专业合作社国家级示范社，大蒜的质量可控种植面积达 3 000 余亩，年产优质大蒜 4 000 余吨，是杞县最早的无公害基地之一、"杞县大蒜"地理标志示范基地之一。合作社所产的"渊启"牌大蒜被评为"百强合作社百强品牌""河南省知名农产品品牌"。

产品介绍："渊启"牌大蒜严格按照绿色标准进行生产，所生产的大蒜，蒜头紧凑、色白、香辣适中、蒜泥黏稠、耐储藏、营养含量丰富，深受广大消费者的喜爱。

市场销售信息

杞县众鑫农产品专业合作社　联系人：翟渊启　联系电话：13839950866

六十一、尉氏县禾悦种植专业合作社

获证产品：双孢菇
获证产品证书编号：LB-21-21011600584A
商标名称：香村菇娘
企业简介：尉氏县禾悦种植专业合作社成立于 2017 年 3 月，基地坐落于河南省尉氏县邢庄乡大庙杨村，是一家集双孢菇培育、种植、加工、销售、技术服务于一体的专业化合作社。一期工程投入资金 650 万元，建有食用菌种植基地 45 亩，建成标准化双孢菇种植大棚 49 座（棚内采用棚架种植，种植面积达 38 000 m^2），主要配套设施有 130 t 专业化保鲜库 1 座，同时建有料场、煮菇棚、观光棚等附属设施。合作社年产鲜菇 650 t，年产值 700 万元左右，每年除了鲜品蘑菇销售 450 t 左右，还加工盐渍菇 200 t 左右，深受消费者的青睐。合作社食用菌种植基地建成以后，已为本村和周边村民提供了 200 余个就业岗位，其中带动贫困户常年就业 50 人，让村民在家门口就能轻松就业。合作社拥有专职质量检验人员和完备的检验设备，还聘请食用菌方面的专家作为常年技术顾问，具有先进的管理理念和完善的投入品管理、人员培训、产品采收、仓储、运输等质量管理制度，各项技术和操作规程落到了实处，保证了产品质量。该合作社不断打造自身品牌形象，大力开展食用菌绿色生产，力争打造成省级绿色食品生产示范基地，不断增强示范带动作用，努力实现"企业增效、农民增收"目标。

产品介绍：双孢菇是一种真菌类食用菜，伞盖肥厚、菌盖洁白、褶白、肉厚、柄短，气味清香适口、独具风味。将双孢菇和肉丝或肉片翻炒，搭配米饭同吃，开胃下饭。

市场销售信息
尉氏县禾悦种植专业合作社　联系人：郑新光　联系电话：13783417335

六十二、开封市耕耘农业科技有限公司

获证产品：香菇、葡萄、核桃

获证产品证书编号：LB-21-19041603459A　LB-18-21011600573A
　　　　　　　　　　LB-19-21011600574A

企业简介：开封市耕耘农业科技有限公司成立于 2014 年 4 月，注册资金 5 000 万元。是河南省农业厅"十三五"规划重点农产品生产企业、开封市农业产业化重点龙头企业。公司坐落于河南省尉氏县岗李乡独楼马村，流转土地 2 100 亩，从业人员达 100 余名，是集生态种植、畜牧养殖、特种水产养殖、农业技术田间培训、中医药养生、休闲观光于一体的生态农业产业园。公司管理规范，有先进的管理理念和完善的规章制度。生产设备先进，技术水平一流，质量管理体系健全，拥有专职质量检验人员和完备的检查检验设备，从而保证公司产品质量的合格。公司除拥有自己的专业人才，还聘请
了食用菌、园艺、水产养殖等方面的技术专家作为公司的常年技术顾问，不断提高公司的管理水平和产品质量。公司与所在村建立联合党总支，强力实施党建引领扶贫工程，实施农业经营融合发展，努力开创兴村扶贫强社新局面，走出了一条得民心的合作共赢新路子。食用菌种植基地建设于 2016 年，项目总投资 2 000 万元，占地 200 亩，建有恒温出菇大棚 100 栋，其他主要配套设施有自动化制袋车间 800 m²、灭菌车间 600 m²、无菌接种车间 900 m²、食用菌加工储存车间 700 m²，以及料场、储物间等附属设施，年种植香菇 100 万袋，年产鲜香菇 1 000 t、干香菇 30 t。葡萄种植基地于 2014 年建成开始运转，占地面积 300 亩，其中育苗车间 50 亩，避雨大棚葡萄 150 亩，普通种植葡萄为 100 亩，葡萄年产量 450 t。核桃种植基地于 2014 年建成开始运转，占地面积 600 亩，年产量 150 t。

产品介绍：香菇体圆齐正、菌伞肥厚、盖面花纹均匀、质干不碎、色泽黄褐而光润。核桃个大、饱满、壳薄、油多，有"长寿果""养生之宝"的美誉。葡萄种植品种有美人指、阳光玫瑰、金手指、夏黑、巨玫瑰等，甜美多汁，香甜可口。

市场销售信息

开封市耕耘农业科技有限公司　联系人：石根芳　联系电话：15838389955

六十三、尉氏县润丰种植专业合作社

获证产品：小麦

获证产品证书编号：LB-01-21011600583A

企业简介：尉氏县润丰种植专业合作社成立于 2012 年 3 月，坐落于河南省尉氏县朱曲镇刘庄村，是一个主要种植绿色小麦的专业化合作社。现有耕地总面积 12 170 亩，其中小麦播种面积 7 600 亩，年产量 4 560 t，年销售收入 1 080 万元。带动就业人口 120 人，带动常年就业 50 人。主要建设有专业化小麦储存库、农药储藏室、化肥库房、农用机械库房等一系列的配套设施。合作社管理规范，具有先进的管理理念和完善的规章制度，质量管理体系健全，保证了合作社小麦的品质和质量。合作社还积极参与和承担社会事业，带动产业发展，配合合作社所在地镇党委政府，立足全镇农业产业化、规模化、集约化发展目标，积极推动土地流转，探索农业发展新路径。经过动员，全镇 11 个村与合作社签订了共计 12 211 亩土地流转协议，合作社先后对接种子公司，发展小麦育种基地，对接贵州、四川等酿造厂，为其做绿色小麦原料种植基地。同时，合作社在田地管理上委托各村让贫困户进行种植管理与防火巡逻，按工作量计酬，有效带动了贫困户增收。

产品介绍：合作社种植的小麦以半冬性品种为主，每年 10 月播种，翌年 6 月收获，生育期 230 d 左右，主要品种为'矮抗 25'和'百农 418'。所生产的小麦籽粒饱满，色泽鲜亮，呈卵圆形，颗粒均匀，品相好，加工成的面粉细腻洁白。

市场销售信息

尉氏县润丰种植专业合作社　联系人：梁子萍　联系电话：15226083399

六十四、尉氏县双圆蛋品加工厂

获证产品：双圆双黄咸鸭蛋、双圆松花蛋、双圆鲜鸭蛋、双圆咸鸭蛋

获证产品证书编号：LB-32-20111617116A　　LB-32-20111617117A

　　　　　　　　LB-31-20111617118A　　LB-32-20111617119A

商标名称：双圆

企业简介：尉氏县双圆蛋品加工厂成立于 1996 年 8 月，坐落在尉氏境内东北部的黄泛区故道，地理条件优越、空气清新、交通便利、水源充足，是一个集绿色养殖与绿色食品加工为一体的特色农产品生产加工企业。

双圆蛋品加工厂拥有占地面积 20 000 m² 的绿色养鸭场；建有标准化养殖鸭舍 10 座，面积 8 000 m²；可年养蛋鸭 30 000 羽，生产绿色食品鲜鸭蛋 700 t。双圆蛋制品加工厂占地面积 13 000 m²，其中生产车间 2 500 m²，恒温库 500 m²，年生产能力 1 000 t，年生产总值可达 1 500 万元，其中养殖 550 万元，蛋品加工 950 万元。

"双圆"牌鲜鸭蛋、咸鸭蛋、双黄咸鸭蛋、松花蛋、芝麻香味烤鸭蛋、辣味咸鸭蛋六大系列产品，分别于 2014 年和 2017 年经中国农业食品发展中心审核通过绿色食品认证。其中"双圆"牌双黄咸鸭蛋 2017 年荣获河南省优质农产品品牌，2018 年荣获第二十一届中国农产品加工投资贸易洽谈会优质产品奖，并获得第十九届中国（厦门）绿色食品博览会金质奖章。

产品介绍：双圆蛋品主要以绿色食品鲜鸭蛋为原料，采用传统的泥腌工艺与国内先进的加工设备相结合，遵循绿色、健康、可持续发展理念；强化品牌意识，开拓创新，严把质量，使"双圆"蛋品成为广大消费者喜爱的优质的绿色食品。双圆鲜鸭蛋色泽青白、风味独特、营养价值高。咸鸭蛋食用方便，具有鲜、细、嫩、松、沙、油的特点，蛋白"鲜细嫩"，口感细腻，味道咸鲜，蛋黄"红沙油"，入口鲜香，有蟹黄之鲜美。双黄咸鸭蛋蛋白细嫩柔软，蛋黄红黄松沙，油露滴滴，风味别致。蛋中富含钙、锌、钾、铁等多种对人体有益的矿物质和 10 多种维生素。松花蛋口感鲜滑爽口、色香味均有独到之处。

市场销售信息

尉氏县双圆蛋品加工厂　联系人：石书民　联系电话：13839971165

六十五、尉氏县伟超种植专业合作社

获证产品：小麦

获证产品证书编号：LB-01-20071606334A

企业简介：尉氏县伟超种植专业合作社成立于2013年4月，地址位于河南省尉氏县南曹乡代庄村，是一个主要种植绿色小麦的专业化合作社。2013年投资600万元，主要用小麦绿色种植基地的建设。主要配套建设专业化小麦储存库、农药储藏室、化肥库房、农用机械库房等一系列的配套设施。合作社具有先进的管理理念，健全的质量管理体系和完善的规章制度，重视产品质量和社会信誉，严格按照技术规程、规范开展各项生产措施，保证了"伟超"小麦的绿色品质。公司不但拥有自己的"土专家""田秀才"团队，还聘请小麦种植方面的专家作为合作社的常年技术顾问，不断提高种植业管理水平。所生产的"伟超"小麦入选2020年河南省知名农业品牌目录。

产品介绍："伟超"小麦籽粒饱满均匀，呈卵圆形，色泽亮白，千粒重一般大于40 g，适宜加工成馒头、面条、锅盔等中式面点，麦香味道浓郁。

市场销售信息

尉氏县伟超种植专业合作社　联系人：刘三　联系电话：13781197309

六十六、通许县汴梁西瓜合作社

获证产品：结球甘蓝、花椰菜、西葫芦、西瓜、番茄、青花菜

获证产品证书编号：LB-15-19011600112A　LB-15-19011600113A
LB-15-19011600114A　LB-15-19011600115A
LB-15-19011600116A　LB-15-19011600117A

企业简介：通许县汴梁西瓜合作社成立于 2007 年 4 月，注册资金 1 690 万元，合作社有管理人员 5 名，外聘高级农艺师 2 名，基地位于通许县竖岗镇百里池村，种植绿色蔬菜面积 334.5 亩，主要从事蔬菜、谷物等种植和销售；提供与种植有关的技术信息服务等。合作社本着绿色生产的发展理念，坚持科学化、标准化、可持续生产的经营模式，生产的蔬菜品质优、口感好。

产品介绍：结球甘蓝结球包裹坚实紧密，球色翠绿，球内部乳白色，中心柱短。叶面光滑，叶肉肥厚，蜡粉少，质地脆嫩。含有多种人体必需氨基酸，具有耐寒、抗病、适应性强、易储耐运、产量高、品质好等特点；且具有很好的食疗保健作用。花椰菜花球鲜嫩、紧致肥大、洁白匀称、花粒细密、花枝肥短、口感细嫩。营养丰富，含有蛋白质、脂肪、碳水化合物、食物纤维、维生素和钙、磷、铁等矿物质。花椰菜质地细嫩，味甘鲜美，食后极易消化吸收，烹炒后柔嫩可口。西葫芦果实呈圆筒形，果形较小，果面平滑，以采摘嫩果供菜用。含有较多维生素 C、葡萄糖等其他营养物质，尤其是钙的含量极高。西瓜瓜皮光亮、花纹清晰、皮薄、瓜瓤鲜红色、汁多籽少、无粗纤维、有"起沙"的感觉、甘甜适口、西瓜味浓。西瓜含有大量葡萄糖、苹果酸、果糖、番茄素及丰富的维生素 C 等物质，甜度随成熟后期蔗糖的增加而增加。番茄浆果扁球状或近球状，色泽红润、表皮光滑、口感汁多味甜、具特殊风味。可以生食，煮食，加工番茄酱、汁或整果罐藏。番茄种植在温室内，易于管理；一年四季均可供应；生育期 180 d 左右，多为自然成熟，无化学催熟剂。青花菜叶银绿色，花顶生，多数花蕾密生成团，形成绿色大蕾球，花蕾及花梗为主要的食用部位。营养齐全，富含维生素、矿物质、蛋白质。质地细嫩，味甘鲜美，容易消化。炒食，菜体碧绿生青，味道清脆鲜美。

市场销售信息

通许县汴梁西瓜合作社　联系人：王自卫　联系电话：18736936999

六十七、通许县汴州森林公园旅游有限公司

获证产品：梨、桃

获证产品证书编号：LB-18-20111611054A　LB-18-20111611055A

企业简介：通许县汴州森林公园旅游有限公司成立于 2016 年 6 月，位于通许县邸阁乡牌路村，公司主要经营范围包括观光果园管理服务，园林苗木、果树的种植、销售，工艺品销售。种植优质梨、桃等 200 hm²，年均产量 5 700 t。2014 年该公司种植的桃取得农业部农产品质量安全中心无公害农产品认证，河南省农业厅无公害农产品产地认定。本着安全优质可持续发展的理念，公司在安全生产上又制定了绿色食品桃、梨种植规程，使桃、梨的品质更优、质量更安全，并于 2020 年 11 月 10 日通过绿色食品认证。

产品介绍：梨的主要品种有中梨一号、黄冠、砀山酥梨。中梨一号果实近圆形，果个整齐，平均单果质量 275 g，最大 485 g。果实黄绿色、果面光洁、果点中大、外形美观。果肉乳白色、肉质细脆、果肉多汁而甜、具香味、石细胞较少、果心小、可溶性固形物 15.7% 左右、品质上等。黄冠梨果实大，平均单果重 235 g，近圆形或卵圆形。果皮黄色，果面光洁，果点小、中密。果心小、果肉洁白、肉质细、松脆、汁液多、酸甜适口。砀山酥梨以果大核小、果肉白色、黄亮型美、皮薄多汁、酥脆甘甜而驰名中外。耐储运，常温条件下可储存 30 d，0 ～ 5 ℃恒温下可储存 80 d 以上。梨含有多种维生素和纤维素。既可生食，也可蒸煮后食用。把梨去核，放入冰糖，蒸煮过后食用还可以止咳。桃的主要品种有春美、春蜜、萧国圣桃。春美果实接近圆形，平均单果重 200 g，大果重 300 g 以上，果皮底色乳白色，成熟后着色鲜红色、艳丽美观、果白色、肉细质硬、浓甜。春蜜单果重 150 ～ 205 g，果面鲜红色、艳丽美观、白肉、硬溶质、风味浓甜。萧国圣桃果实近圆形，两半部对称、无尖，平均单果重 350 g，最大达 950 g，底色乳白，阳面鲜红，着色达 80% 以上。肉质致密、乳白色、汁多、味甜、香气浓郁。

市场销售信息

通许县汴州森林公园旅游有限公司　联系人：王新全　联系电话：18739955377

六十八、通许县芙润思玫瑰种植农民专业合作社

获证产品：玫瑰花

获证产品证书编号：LB-23-18031601360A

企业简介： 通许县芙润思玫瑰种植农民专业合作社成立于 2014 年 5 月，并于 2016 年 12 月在通许县工商局注册，注册资金 200 万元。该合作社是河南莲祥食品有限公司的控股单位，主要产品由莲祥公司生产加工，按照"公司＋基地"的模式运营，现流转农民耕地 500 亩，用来种植食用玫瑰，基地年生产玫瑰鲜花 250 t，产值 350 万元。2018 年示范基地玫瑰花获得绿色食品标志使用许可，2019 年入选"全国名特优新农产品"名录。"莲祥牌"玫瑰花茶被中国第二十届农产品加工投资洽谈会评为优质产品。玫瑰产业的种植开发引领调整了当地的农业结构，同时对发展观光农业，增加收入，拉动地方经济，提升生活质量和品位起到了助推作用。

产品介绍： 玫瑰花朵饱满、花色鲜艳、呈深紫红色、花香浓郁，直径 2.5 ～ 3.5 cm，花瓣密实肥厚；温水冲泡，汤色清亮，淡黄中微带红色，饮之，气香、味甘、润喉。取花蕾 3 ～ 5 朵，沸水冲泡，焖 5 min 即可饮用；可边喝边冲，直至色淡无味。饮用时加蜂蜜或冰糖味道更佳。玫瑰花富含人体所必需的多种氨基酸，如赖氨酸、苏氨酸、亮氨酸、异亮氨酸、缬氨酸等。玫瑰花具有强肝养胃、活血调经、润肠通便、解郁安神之功效。

市场销售信息

通许县芙润思玫瑰种植农民专业合作社　联系人：耿忠宏　联系电话：13937888004　0371-24342678

六十九、通许县宏运蔬菜种植农民专业合作社

获证产品：土豆、红薯、苕尖、西瓜、大蒜

获证产品证书编号： LB-15-20051601919A

LB-15-20051601920A

LB-15-20051601921A

LB-15-20051601922A

LB-15-20051601923A

企业简介：通许县宏运蔬菜种植农民专业合作社成立于2012年3月，注册资金35万元，有5名成员组成，其中管理人员2名，技术人员2人，法人代表侯瑜，合作社基地在孙营乡北孙营村，种植绿色蔬菜面积2 600亩，主要经营范围：土豆、大蒜、红薯、西瓜、苕尖等蔬菜的种植、销售服务。合作社本着绿色蔬菜生产的发展理念，坚持科学化、标准化、可持续生产的经营模式，生产的蔬菜品质优、口感好。

产品介绍：土豆块茎较大，扁圆形或长圆形，外形圆润规整，薯皮黄色，芽眼浅，表面光滑，薯肉呈黄色。烹饪加工成熟食后，清脆爽口或入口软面，略带香味，味道鲜美。红薯薯形圆筒形，大小均匀，薯身光滑，薯皮紫红色，薯肉橘红色，美观度好。薯块干物率30%左右，食味优，耐储藏。块根除供食用外，还可以制醋，也可制取淀粉，可以制作粉条和粉皮。苕尖是红薯顶端的嫩叶，可爆炒，可煮汤，味道鲜美，营养丰富。西瓜瓜皮光亮，花纹清晰，皮薄，瓜瓤鲜红色，口感脆嫩，汁多籽少，无粗纤维，吃起来有"起沙"的感觉，甘甜适口，是夏季主要的消暑果品。大蒜外形呈扁圆形，干燥、清洁，须尾短，梗略长；蒜头大，蒜头外皮为浅紫色，包裹紧实，每头大蒜有蒜瓣8～12粒，蒜粒大、肉质呈乳白色、辛辣味浓郁。

市场销售信息

通许县宏运蔬菜种植农民专业合作社　联系人：侯瑜　联系电话：13592115336

七十、通许县华营种植农民专业合作社

获证产品： 普通白菜（小白菜）、芹菜

获证产品证书编号： LB-15-19011600836A　LB-15-19011600837A

企业简介： 通许县华营种植农民专业合作社成立于2016年8月22日，由5名成员发起创建，其中2管理人员、3名技术人员。合作社位于通许县长智乡匡营村，土地面积100亩，其中种植绿色食品小白菜、芹菜的面积为60亩。合作社制定了普通白菜（小白菜）、芹菜的种植规程，以及质量控制规范，生产的普通白菜（小白菜）和芹菜满足绿色食品的要求。

产品介绍： 小白菜叶子碧绿，根部为白色或者淡绿色，有光泽。可煮食或者炒食，亦可做成菜汤或者凉拌使用，清香鲜美，带有甜味，且营养丰富，含有钙、磷、铁、胡萝卜素、维生素等多种营养成分，其中钙的含量较高，几乎等于白菜含量的2～3倍。芹菜根圆锥形、支根多数、质地脆嫩、茎直立、光滑、芳香气味较浓。含钙、磷、铁、蛋白质、胡萝卜素和维生素等营养物质。食用方法较多，可生食凉拌，可荤素炒食，做汤、做馅、做菜汁、腌渍等。尤其其汁可直接和面制成面条或饺子皮，极有特色。

市场销售信息

通许县华营种植农民专业合作社　联系人：潘华　联系电话：18736918895

七十一、通许县聚丰源种植农民专业合作社

获证产品：小麦、西瓜、花生
获证产品证书编号：LB-01-20101610706A　LB-01-20101610707A
LB-01-21041603886A

企业简介：通许县聚丰源种植农民专业合作社，成立于 2017 年 8 月 1 日，由 5 名成员发起创建。合作社位于通许县玉皇庙镇后安岭村。合作社主营小麦、玉米、大豆、花生、蔬菜、西瓜、高粱的种植与销售，其中种植小麦 5 521 亩，花生 360 亩，西瓜 540 亩，现有管理人员 3 名、高级农艺师 1 名、技术人员 2 名、懂技术的农民技术工人 10 人，合作社本着可持续发展的理念进行生产种植，实际生产中严格按照绿色食品生产技术操作规程执行。合作社生产基地环境良好，质量管理体系健全、完善、制度落实到位，具有科学性、可操作性；农药、肥料使用符合绿色食品有关规定和要求，生产记录详细完整、保存完好。产品收获、包装、运输及废弃物处理等严格按照公司制度章程执行，确保各个环节安全有效控制。

产品介绍：小麦穗纺锤形，长芒，白壳，白粒，籽粒角质、卵圆形、均匀、饱满，是优质强筋麦。磨成的面粉细腻洁白，适用于制作各类面食，口感劲道。该社种植的西瓜，瓜皮光亮、花纹清晰、皮薄、瓜瓤细腻甘甜、果肉鲜红、口感酥脆、汁多味甜、中心含糖量一般都可达 12%、不易裂瓜。西瓜含有大量葡萄糖、苹果酸、果糖、番茄素及丰富的维生素 C 等物质。花生俗称（长生果），果壳黄白色、籽仁饱满、种皮红色。新花生生食脆甜，晒干后的花生口感香甜，脆而不硬。熟食无论炸、煮、炒都特别好吃，别有风味。花生具有很高的营养价值，内含丰富的脂肪和蛋白质，维生素和矿物质含量也很丰富，特别是含有人体必需的氨基酸，有促进脑细胞发育，增强记忆力的功能。

市场销售信息

通许县聚丰源种植农民专业合作社　联系人：闫文亮　联系电话：15226089400

七十二、通许县康宏达种植农民专业合作社

获证产品： 番茄

获证产品证书编号： LB-15-21021602646A

企业介绍： 通许县康宏达种植农民专业合作社成立于 2016 年 1 月，是通许县第一个以发展绿色食品蔬菜种植的专业合作社，该合作社基地面积 70 亩，种植番茄面积 30 余亩，有专业种植人员及技术人员 25 人，资金 200 余万元。合作社产地环境良好，质量管理体系完善，生产操作规程和规章制度具有科学性与可操作性，农药、肥料使用符合绿色食品有关规定和要求，生产记录完整。坚持走"绿色循环发展的生态发展道路"，于 2018 年 2 月 27 日获取中国绿色食品发展中心认证的绿色食品证书。在本地销售的基础之上，增加网上销售以及向城市和大型超市销售，深受消费者喜爱。

产品简介： 番茄浆果扁球状或近球状，果实色泽红润、光滑，口感汁多味甜，具特殊风味。富含维生素 A、维生素 C、维生素 B_1、维生素 B_2，以及胡萝卜素和钙、磷、钾、镁、铁、锌、铜、碘等多种元素，还含有蛋白质、糖类、有机酸、纤维素，被称为"神奇的菜中之果"。可以生食，煮食，加工番茄酱、汁或整果罐藏。

市场销售信息

通许县康宏达种植农民专业合作社　联系人：康秀立　联系电话：13837885809　E-mail：13837882219@163.com

七十三、通许县康健葡萄种植农民专业合作社

获证产品：葡萄

获证产品证书编号：LB-18-20121614754A

企业介绍：通许县康健葡萄种植农民专业合作社，成立于2013年12月25日，位于通许县城关镇高寨村，合作社主要经营葡萄种植、销售服务。现有社员78户，种植葡萄540亩，年均产量810 t，种植葡萄已有近10年的历史，有完整的葡萄种植规程和销售渠道。合作社种植的葡萄主要施用有机肥，少施化肥，病虫害防治主要采用农业防治、生物防治、套袋技术，少用化学防治，因此，合作社生产出的葡萄无污染、安全、营养、健康、美味，深受广大城乡消费者欢迎。

产品介绍：葡萄果穗整齐一致，圆柱形，平均单穗重500～800 g。果粒大、果皮紫黑色、色泽鲜艳，含糖量17.3%，口感好，香甜适口，风味俱佳，耐储存，易运输，远销省内外。葡萄中含有矿物质钙、钾、磷、铁，以及多种维生素 B_1、维生素 B_2、维生素 B_6、维生素 C 和维生素 P 等，还含有多种人体所需的氨基酸。葡萄中的多种果酸有助于消化，适当多吃些葡萄，能健脾和胃。

市场销售信息

通许县康健葡萄种植农民专业合作社　联系人：宋国新　联系电话：13598781823

七十四、通许县千菊茶庄

获证产品：御爱冰菊茶、金丝汴菊茶

获证产品证书编号：LB-45-19111610598A　LB-45-19111610599A

企业简介：通许县千菊茶庄是一家集茶叶种植、恒温冷藏、加工生产、国际和国内贸易于一体的民营股份制企业，是集种植、养殖、科研、旅游、休闲为一体的绿色生态园。公司于 2017 年 9 月 7 日成立，注册地址为开封市通许县长智镇岳寨村。茶庄每年种植各类茶菊、食用菊、药用菊 1 000 余亩。作为河南省最大的菊花种植基地，培育种植最高品质的茶用食用菊花是该项目的首要内容。为此，公司与河南大学药学院强强联手成立开封菊花药食功效开发重点实验室。通过专业的实验和研究，选择出最优的菊花品种进行大面积种植，为后续以开封菊花为原料的菊花茶生产和开发打好坚实的基础。

产品介绍：菊花干花完整、花瓣密实肥厚、花色金黄、菊香浓郁，温水冲泡花朵迅速膨大且浮于水面、汤色浅黄清亮、味甘气香、形态优美。菊花里含有丰富的维生素 A，是保护眼睛健康的重要物质。菊花茶在低温 0～4 ℃冷柜保鲜存放，避光置于阴凉处，保存期 2 年。菊花茶通常是用 100 ℃开水冲泡，盖上盖子之后焖 3～5 min，即可饮用。一般可以冲泡 3～5 次，注意当天内饮用完，不要隔夜。也可与枸杞、决明子、柠檬等配合饮用，例如菊花枸杞茶，取菊花 10 朵、枸杞 30 g，先将枸杞放入 3～5 杯水一起煮开 10 min，然后加入菊花再煮 2～3 min。煮好之后，过滤掉菊花和枸杞后，装入保温瓶中，一天内喝完即可。

市场销售信息

通许县千菊茶庄　联系人：于滨桦　联系电话：13393811692

七十五、通许县永峰种植农民专业合作社

获证产品：大蒜、花生、小麦、玉米

获证产品证书编号：LB-15-21011600546A　LB-09-21011600547A

　　　　　　　　　　LB-01-21011600548A　LB-05-21011600549A

企业简介：通许县永峰种植农民专业合作社成立于2014年4月30日，地址位于通许县长智镇枣林村，经营土地面积3 615亩，主要从事小麦、玉米、花生、大蒜等的种植与销售。现有管理人员3名，高级农艺师1名，技术人员2名，懂技术的农民技术工人7人。合作社本着可持续发展的理念进行生产种植，实际生产中严格按照绿色食品生产技术操作规程执行。

产品介绍：大蒜外形呈扁圆形，蒜头外皮为浅紫色，包裹紧实，每头大蒜有蒜瓣8～12粒，蒜粒大、肉质呈乳白色、辛辣味浓郁。大蒜鳞茎中含有丰富的蛋白质、低聚糖和多糖类、另外还有脂肪、矿物质等多食大蒜能杀菌消炎、增强免疫功能。花生果壳黄白色、籽仁饱满、种皮红色。新花生生食脆甜，晒干后的花生口感香甜、脆而不硬。花生种子富含油脂，从花生仁中提取的油脂呈淡黄色，透明、芳香宜人，是优质的食用油。花生还是100多种食品的重要原料。它除可以榨油外，还可以炒、炸、煮食，制成花生酥，以及各种糖果、糕点等。小麦籽粒半角质，胚乳饱满，营养丰富，蛋白质含量高。属中筋小麦，适于制作面条或馒头。玉米棒大、长筒形，玉

米粒整齐排列、颗粒饱满，营养成分全面，籽粒中的蛋白质、脂肪、维生素 A、维生素 B_1、维生素 B_2 含量均比稻米多，是世界公认的"黄金作物"。鲜玉米可蒸煮，口感又香又甜，水嫩多汁。

市场销售信息

通许县永峰种植农民专业合作社　联系人：王正勇　联系电话：18236585196

七十六、通许县禹丰种植农民专业合作社

获证产品：小麦、玉米
获证产品证书编号：LB-01-21011600550A　LB-01-21011600551A

企业简介：通许县禹丰种植农民专业合作社，成立于 2015 年 1 月 14 日，由 5 名成员发起。合作社位于通许县四所楼镇任寨村，合作社经营土地面积 2 700 亩。主要经营小麦、玉米、棉花种植与销售服务等，现有管理人员 3 名、技术人员 2 名。合作社本着可持续发展的理念进行生产种植，生产中严格按照绿色生产技术操作规程执行。所生产的小麦、玉米品质好，安全、优质、营养、健康。

产品介绍：小麦富含碳水化合物、脂肪、蛋白质、粗纤维、钙、磷、钾、维生素等成分，营养丰富，制成面粉，细腻洁白，做出来的面食，香甜筋道。玉米棒大匀实，颗粒金黄饱满、排列整齐，所含营养成分全面，是重要的粮食作物。既可磨粉，用于制作窝头、丝糕等；又可制碎米，也叫玉米糁，可用于煮粥、焖饭。用玉米制出的碎米尚未成熟的极嫩的玉米称为"玉米笋"，可用于制作菜肴。

市场销售信息
通许县禹丰种植农民专业合作社　联系人：芦永军　联系电话：13937828897

七十七、通许县圆梦家庭农场

获证产品：花生、大蒜、甜瓜

获证产品证书编号：LB-09-20071605659A　LB-15-20071605660A
LB-15-20071605661A

企业简介：通许县圆梦家庭农场，注册于2016年8月，地址位于通许县长智镇东芦氏村，周边环境优良，主要经营范围包括大蒜、甜瓜、花生等作物的种植及销售。自2015年起流转本村土地506亩，本着集约化、规模化、市场化、产业化的运作模式，坚持走绿色生产的农业发展理念，形成了农场自有的种植模式和技术，例如轮作种植大蒜（甜瓜）—花生，并制定了严格的管理制度，进行全程质量管控，所生产的大蒜、甜瓜、花生等色泽正、口感好，质量上乘。

产品介绍：花生籽粒饱满、有光泽、粉红色、形状一致。营养价值高，又被称为"长寿果"。花生中矿物质含量丰富，特别是含有人体必需的氨基酸，花生被人们誉为"植物肉"，含油量高达50%，品质优良，气味清香。大蒜外形呈扁圆形，干燥、清洁，须尾短，梗略长；蒜头大，横茎55～66 mm，单个重63～76 g；蒜头外皮为浅紫色，包裹紧实，每头大蒜有蒜瓣8～12粒，肉质辛辣味浓郁。大蒜中含有大蒜素、微量元素等多种物质，具有解毒杀菌、健脾开胃、消食去积、预防疾病的作用。甜瓜果实为圆形，瓜皮薄，网纹外观犹如艺术珍品。瓜熟后口感绵密、香味优雅、糖度适中、营养丰富，水分达88%左右，果肉像翡翠般晶莹剔透。果肉富含人体所需的营养物质，其中多种维生素的含量比西瓜高4倍，比苹果高6倍，对预防苦夏及食欲不振有很好的效果。

市场销售信息

通许县圆梦家庭农场　联系人：陈德安　联系电话：13837882803

七十八、通许县战胜家庭农场

获证产品：青菜、生菜

获证产品证书编号：LB-15-19011600699A　LB-15-19011600700A

企业简介：通许县战胜家庭农场成立于2016年2月。位于通许县冯庄乡赵庄大队于庄村，周边环境优良。主要经营范围：蔬菜、小麦、玉米种植和销售。自2015年起流转本村土地55亩，自建蔬菜大棚20座，本着集约化、规模化、市场化、产业化的运作模式，同时坚持走绿色蔬菜生产的发展理念，轮作种植青菜、生菜，两种蔬菜年种植各3茬，形成了农场自有的种植模式和技术，并制定了严格的管理制度，进行全程质量管控，所生产蔬菜色泽正，口感好，质量上乘。

产品介绍：青菜，也叫小白菜，一年四季均可生产，口感脆嫩。含有丰富的维生素C，蛋白质，胡萝卜素以及钙、铁、钾、钠、镁等元素，青菜中还有大量的粗纤维，可以促进排便，清理肠道。炒青菜时应急火快炒，既可保持营养不受损失，又可保持品相。生菜根系发达，叶面有蜡质，耐旱力较强，产量高，品质好，可生食，脆嫩爽口，略甜。生菜营养丰富，富含β-胡萝卜素、抗氧化物、维生素和人体所需的矿质元素，如镁、磷、钙、铁、铜、锌。常吃生菜可加强蛋白质和脂肪的消化与吸收，改善肠胃的血液循环。

市场销售信息

通许县战胜家庭农场　联系人：于吉辉　联系电话：18898111086

七十九、通许县张国高效农业技术服务专业合作社

获证产品： 辣椒、花椰菜、甘蓝、西瓜、胡萝卜、冬瓜

获证产品证书编号： LB-15-21011600475A　LB-15-21011600476A
LB-15-21011600477A　LB-15-21011600478A
LB-15-21011600479A　LB-15-21011600480A

企业简介： 通许县张国高效农业技术服务专业合作社成立于2007年1月20日，注册资金500万元。由7名成员组成，其中有技术人员5名（高级农艺师2人）。合作社基地位于通许县竖岗镇张士横村、王庄村、孙营乡王家村。基地面积1560亩。采用"合作社＋农户"的运行模式，组织农户从事西瓜、冬瓜、辣椒、花椰菜、甘蓝、胡萝卜等瓜菜的种植和销售，组织农户统一购置种子（种苗）、肥料、农药等农资，对农户进行农业技术培训，开展技术、信息服务。合作社秉持绿色食品的生产理念，坚持规模化种植、科学化管理、标准化生产。确保基地生产出安全、优质、无污染的食品。

产品介绍： 辣椒种类主要有线辣椒、朝天椒、青椒。线辣椒果实长线形，果色由深绿色转鲜红色，光泽度好。朝天椒椒果小、辣度高、易干制。青椒果实较大，辣味较淡或无辣味，作蔬菜食用。辣椒维生素C含量高，居蔬菜维生素C含量之首。维生素B、胡萝卜素以及钙、铁等矿物质含量亦较丰富。辣椒为重要的蔬菜和调味品。花椰菜花球鲜嫩，紧致肥大，洁白匀称，花粒细密，花枝肥短；口感细嫩，食后极易消化吸收，烹炒后柔嫩可口。甘蓝结球包裹坚实紧密，球色翠绿，球内部乳白色，中心柱短。叶面光滑，叶肉肥厚，蜡粉少，质地脆嫩。甘蓝含有抗氧化的营养素，有防衰老、抗氧化的效果。甘蓝适合急火快炒，损失维生素C最少。做汤时，待汤煮开后加菜，煮时应加盖。不宜用水煮焯、浸烫，以免损失较多维生素和矿物质。西瓜皮薄，瓜瓤鲜红色，汁多籽少，无粗纤维，甘甜适口，西瓜味浓。既味道甘甜，又能祛暑热烦渴，是盛夏的佳果。胡萝卜根形整齐，柱形；品质佳、口感好，适合鲜食与加工用。富含糖类、脂肪、挥发油、胡萝卜素、维生素A、维生素B_1、维生素B_2、花青素、钙、铁等人体所需的营养成分。可用油烹食，也可使用胡萝卜包饺子和蒸包子。冬瓜果实长圆柱状，肉质致密、水分小、耐储运、心室小。冬瓜含有丰富的蛋白质、碳水化合物、维生素，以及矿质元素等营养成分。冬瓜果实除作蔬菜外，果皮和种子还可药用。

市场销售信息

通许县张国高效农业技术服务专业合作社　联系人：张传华　联系电话：18937877719

八十、开封市富康面业有限公司

获证产品：面条粉、原味粉、超级特精粉、包子粉、馒头粉
获证产品证书编号：LB-02-21021602030A　LB-02-21021602031A
LB-02-21021602032A　LB-02-21021602033A
LB-02-21021602034A

企业简介：开封市富康面业有限公司始建于 1992 年，2005 年组建公司，注册资金 1 080 万元，公司占地 150 亩，位于通许县朱砂镇东寨村，现已发展为日处理小麦 500 t 的现代化小麦粉加工企业，产品远销云南、山西、四川等地。

多年来，公司积极开拓小麦粉市场，已在全国多个省市自治区建立了营销网点，构建了良好的市场营销网络体系，并赢得了良好的社会信誉，公司 2005 年被河南省中小企业服务局确认为"全省民营企业中型企业"，2005 年通过质量管理体系认证，2007 年成为河南省粮食行业协会会员，2013 年被开封市人民政府授予"农业产业化市重点龙头企业"，2014 年被通许县工商行政管理局授予"消费者信得过单位"，同年，获得开封市"重合同守信用"企业荣誉称号，2018 年被河南省人民政府授予"农业产业化省重点龙头企业"，2019 年成功申报为"开封富康面业农业产业化联合体"的龙头企业。公司始终秉承"以人品做产品，用产品验证人品"的理念，追求"以人才为根本，以市场为向导，以质量为保证，以服务为宗旨"的企业精神，致力于为社会提供安全、放心、营养、天然、绿色的小麦粉。

产品介绍：主要产品有原味粉、馒头粉、超级特精粉、面条粉、包子粉等。产品包装规格有 2.5 kg/ 袋、5 kg/ 袋、10 kg/ 袋、25 kg/ 袋。面粉具有天然、绿色、营养、强劲等特点，富含蛋白质、碳水化合物和维生素，以及钙、铁、磷、钾、镁等矿物质，营养价值高。可以做成饺子、包子、馒头、面条，还可以将面粉炒熟做成炒面。

市场销售信息
开封市富康面业有限公司　联系人：陶书军　联系电话：0371-24258866　13460659999
网址：www.kffkmy.com

八十一、开封市祥符区金锋果树种植农民专业合作社

获证产品：苹果

获证产品证书编号：LB-18-18111609707A

企业简介：开封市祥符区金锋果树种植农民专业合作社位于祥符区兴隆乡，地理位置优越，运输、劳务、商业等第三产业较发达，种植业以果树为主导产业。苹果种植历史悠久，规模化优势明显，近年来种植效益稳定，且有增高趋势，通过合作社示范带动，能有效地促进当地种植结构调整，促进高效林业发展，大幅度提高农民收入。2013年该企业被开封县委组织部命名为"大学生村干部创业示范基地"，2014年12月被河南省农业厅认定为河南省农业标准化生产示范基地，2016年5月被评为"河南合作经济年度成就奖二十家合作社"，2018年11月经中国绿色食品发展中心审核颁发绿色食品证书，2019年8月合作社被评选为开封站"生态果树种植网络评选大赛亚军"，2020年4月合作社生产的"白楼金锋苹果"被河南省农业农村厅评为"河南省知名农业品牌"。

产品介绍：合作社针对苹果生产制定了严格管理制度，进行全程质量管控，所生产苹果饱满硕大、汁甜肉脆、色泽纯正、酸甜可口、质量上乘。成熟后多为现摘现卖，部分在保鲜库存放，根据市场行情，陆续投放市场，实行专库专放，并挂有标牌。

市场销售信息

开封市祥符区金锋果树种植农民专业合作社　联系电话：15938545788

八十二、开封市祥符区富康果蔬种植农民专业合作社

获证产品：番茄

获证产品证书编号：LB-15-20071605624A

企业简介：开封市祥符区富康果蔬种植农民专业合作社成立于2009年；注册资金1 500万，通过10余年的发展，开封市祥符区富康果蔬种植农民专业合作社已经达到了管理规范，产、供、销体系完善，技术服务、技术培训相配套，入社社员较多，经营规模较大，覆盖面积较广的运营效果。合作社现有社员105户，有服务门面房1处，门面房面积120 m²，仓储面积500 m²，交通运行车5辆，合作社有专职工作人员15人，分为技术服务部、销售部、联络运输组、结算组、门面服务组共5个小组。合作社按照民办、民管、民受益的原则，以降低种植户成本、减少种植风险、推广标准化无公害蔬菜栽培技术、提高种植效益为目的，严格按照"五统一"模式管理，现已发展成规模化、科技化、产业化的现代蔬菜生产示范社。主要销往郑州丹尼斯超市，周口、安阳、南阳等地区。

产品介绍：合作社生产的番茄皮薄红润、沙瓤且多汁，口感酸甜可口，番茄香味浓郁。营养丰富，含有丰富的胡萝卜素、维生素B和维生素C，具有独特的抗氧化能力。食用方法多样，可凉拌，也可炒食，味道鲜美。

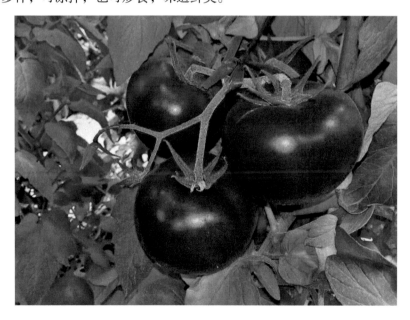

市场销售信息

开封市祥符区富康果蔬种植农民专业合作社　联系人：卢广胜　联系电话：15515235751

八十三、开封市祥符区四妮蔬菜种植
农民专业合作社

获证产品：鸭儿芹、樱桃番茄

获证产品证书编号：LB-15-19011600223A

LB-15-19011600224A

企业简介：开封市祥符区四妮蔬菜种植农民专业合作社成立于2014年，注册资金500万元，商标名称为"四妮"，现已通过绿色食品认证，为省级农民示范社基地。目前，拥有绿色特种蔬菜核心种植区260亩，年产值616万元，主要种植樱桃番茄（黑番茄）、球茎茴香、宝塔菜花、芦笋、鸭儿芹（三叶香）、羽衣甘蓝等国内外稀有特种蔬菜。

合作社建成集蔬菜种植、技术教学、推广示范、观光采摘为一体的现代化农业基地，采用线上线下相结合的销售模式，产品远销全国各地。并为贫困人员、返乡农民工、村中留守妇女提供就业岗位66个，吸纳贫困户就业并流转贫困户土地进行精准扶贫，短期用工贫困户100多人次，免费为500余人次提供培训和传授种植技术，辐射带动周边1 200余户从事蔬菜种植，促进当地农民增收脱贫。四妮蔬菜合作社被评为"河南省农民专业合作示范社""开封市农业特色产业科技示范基地""巾帼现代农业科技示范基地"等。

产品介绍：鸭儿芹常年种植销售，茎秆小，质地有弹性、叶子碧绿、营养价值高，具有散寒解表、祛湿止痛、还具有降血压、助消化等作用。做法多样，可凉拌，也可下锅清炒。樱桃番茄是番茄家族中的珍品，果实药食兼用，具有浓郁的水果香味，酸甜适度的口感，营养价值高，含花青素、番茄红素、叶酸等，具有滋阴补肾、抗癌、改善和提高视力等功效。

市场采购信息

开封市祥符区四妮蔬菜种植农民专业合作社　联系方式：13837885800，15938517292　（微信同号）

淘宝店铺名称：四妮特菜

八十四、开封市祥符区龙海农作物种植农民专业合作社

获证产品：红薯

获证产品证书编号：GF410212204931

企业简介：开封市祥符区龙海农作物种植农民专业合作社成立于2017年，是知名龙头企业，在红薯研发、育苗、供苗、种植、技术指导、购销、储存、深加工及带动就业等方面具备较好支撑和服务作用。2020年，投资930万元建造冷库6个，占地3 000 m²；投资120万元建立一座办公楼，共计600 m²；投资130万元建立线上打包车间2 000 m²，日发货量达50 000单。产品销售采取"线上＋线下"的模式，线下主要通过省内外各大型商超销售；线上主要通过抖音、快手、拼多多、淘宝、京喜拼购等运营平台销售。自合作社电商团队成立后，年销售农产品达200万kg、50万单以上。2020年共计销售了100余户贫困户的红薯，带动160余人就业，其中贫困户占30余人。而且，针对贫困户的农产品，合作社以溢价的方式收购，每年每户均增收3 000元以上。因此，先后被评为开封市市级带贫企业、示范性就业扶贫基地、电子商务先进企业、爱心企业。

产品介绍：红薯主要品种为西瓜红蜜薯、龙薯9号黄心红薯。薯身光滑、薯皮红色、薯肉橘红色、口感香甜。特别是烤红薯，口感细腻、香甜软糯、老少皆宜。红薯营养价值高，也是极好的低脂肪、低热量的饱腹食品，有健胃消脾之功效。

市场采购信息

开封市祥符区龙海农作物种植农民专业合作社　联系电话：15515203555

网址：longhaishuye.com

八十五、河南开元米业有限责任公司

获证产品：大米

获证产品证书编号：LB-03-20121614223A

企业简介：河南开元米业有限责任公司位于祥符区杜良乡，是一家集水稻栽培技术服务、稻谷收购、烘干、储存、加工、销售于一体的大米加工企业。公司水稻种植 20 000 余亩，厂房仓储及办公区域占地面积 40 000 余平方米，拥有日处理 300 多吨的稻谷烘干设备和先进的大米加工生产线，仓储能力 10 000 余吨，创建了一个由"公司带动 + 合作社 + 农户"的全新经营模式。2009 年被认定为开封市农业产业化市重点龙头企业。

公司于 2003 年注册"杜良大米"商标，并于 2009 年被河南省工商局评为河南省著名商标。公司历来重视产品质量，精心选择优良品种，大力实施水稻绿色栽培技术，加工、生产环节层层把关，每一批次产品出厂都要通过合格检验，产品得到了广大消费者的一致好评，2012 年被全国农产品贸易洽谈会评为优质农产品。公司管理规范，2010 年通过了 ISO 9001 国际质量管理体系认证，2019 年通过了产品质量安全体系认证。2015 年被河南省工商局评为守信用重合同企业，2017 年被开封市工商局评为文明诚信企业，2018 年被河南省粮食局评为"放心粮油""河南省好粮油"，并成功入围国家军粮供应企业、河南省应急加工保障企业之列。

产品介绍：大米引黄河水灌溉，水稻种植全过程严格按照绿色生产技术规程操作。每年 5 月育秧，10 月中下旬收获。杜良大米粒大光滑、色泽透亮。蒸饭饭香浓郁、米粒完整有光泽、口感香甜有嚼劲、筋而不硬、软而不黏、口感香甜，冷后有黏弹性，软硬适中。煮稀饭清香宜人，汁如溶胶。公司生产的杜良大米 2014 年通过无公害农产品认证，2019 年被农业农村部农产品质量安全中心纳入"全国名特优新农产品"名录，2020 年通过中国绿色食品发展中心绿色食品认证，获第二十四届中国农产品加工业投资贸易洽谈会金奖。常温阴凉通风干燥处保存，半年之内不会变质；真空袋低温条件下保存，保质期可达一年以上。

市场销售信息

河南开元米业有限责任公司　联系人：任洪军　联系电话：13938610168

淘宝店铺：杜良大米河南开元米业，https://shop441528339.taobao.com/?spm=a21ar.c-design.0.0.6021bdc5gk4Fnr

抖音店铺：杜良大米旗舰店，https://haohuo.jinritemai.com/views/shop/index?id=BTpfMbIP&origin_type=604&origin_id=0&new_source_type=47&new_source_id=0&source_type=47&source_id=0

八十六、开封市祥符区广宽农作物种植农民专业合作社

获证产品：黑花生、黑小麦、红小豆、黑绿豆、黑玉米

获证产品证书编号：LB-09-19031601489A　LB-01-19031601490A

　　　　　　　　LB-13-19031601491A　LB-13-19031601492A

　　　　　　　　LB-05-19031601493A

企业简介：开封市祥符区广宽农作物种植农民专业合作社成立于 2012 年 9 月，注册资金 500 万元。合作社位于开封市祥符区陈留镇刘五楼村，主要从事黑花生、黑小麦、红小豆、黑绿豆、黑玉米等特色农产品的生产和加工。合作社秉承"顾客至上，锐意进取"的经营理念，坚持"质量第一、客户第一"的原则为广大客户提供优质的服务，以良好的信誉和完善的管理体系进行标准化种植。合作社现有管理人员 6 名、中高级以上职称农艺人员 3 名、"土专家""田秀才"等农业技术工 30 余人，入社人数 860 多人，特色作物种植面积 1 200 余亩。合作社严格按照绿色食品栽培技术规程开展生产，作物生长全程杜绝使用国家明令禁止使用的农业投入品，确保产出的产品达到绿色食品标准。合作社本着"以质量求生存、以信誉求发展"理念，依托现有包括劳动力、资本、土地、技术、管理等方面在内的资源禀赋，积极稳健地开展优质特色农产品的生产和经营。产品口感好、品质佳。

产品介绍：黑花生是彩色花生的一种，表皮乌黑或紫黑，富含硒、铁、锌微量元素、维生素及人体所需的氨基酸等营养成分。与常见的传统红花生相比，黑花生含有较高的粗蛋白质、精氨酸、锌，有一定的增强人体免疫力、延缓衰老等功效。黑小麦籽粒硬质，长圆形，黑色或黑紫色。黑小麦中的色素属于花色苷类化合物，为黄酮类化合物，具有抗氧化和保健作用，在预防糖尿病及保护视力等方面有一定的功效，是营养保健食品和优良面食的理想原料。红小豆又称赤小豆、赤豆等，豆粒近圆柱形、稍扁，长 5 ～ 8 mm，直径 3 ～ 5 mm。质硬，表面紫红色，稍具光泽，一侧有线形白色种脐，不易破碎。红小豆煮粥具有利尿通淋、除湿退黄、行血补血、健脾去湿、利水消肿之功效。黑绿豆顾名思义就是黑色的绿豆，植株、荚型、粒型、粒重与传统的绿豆相同或相近，但籽粒表皮颜色不同于传统的绿豆，黑色光亮。富含多种微量元素、支链淀粉、可溶性色素、维生素、矿物质等营养素，具有一定的保健功能。黑玉米是玉米的一种特殊类型，其籽粒角质层不同程度地沉淀黑色素，外观乌黑发亮。黑玉米不仅色泽独特，而且营养丰富、香黏可口、最宜鲜食，籽粒富含水溶性黑色素及各种人体必需的微量元素、植物蛋白质和各种氨基酸，营养含量较高。

市场销售信息

开封市祥符区广宽农作物种植农民专业合作社　联系人：任广宽　联系电话：13837864110

八十七、开封市一见钟情花生饮品有限公司

获证产品：植物蛋白饮料（花生露）

获证产品证书编号：LB-42-20021603995A

企业简介：开封市一见钟情花生饮品有限公司是成立于 2000 年 7 月的一家私营股份制公司，是目前河南省境内规模较大的花生植物蛋白饮料生产企业。公司位于河南省开封黄龙产业集聚区纬七路东段，总占地面积 15 700 m²，建筑面积 9 500 m²，固定资产 1 000 余万元。公司拥有植物蛋白饮料、果汁饮料和含乳饮料等多条生产线，建有自己的科研中心，具备"研发一代、生产一代、储存一代"的能力。公司管理规范、运行稳健，年产各类饮品 10 000 余吨，年产值 4 000 余万元，产品热销全国 100 多个大中城市。公司先后被授予"开封市农业产业化龙头企业""河南省科技型中小企业"等荣誉称号。

产品介绍：本公司的花生露经过原料烘烤、去皮、打浆、调配、均质、灌装、杀菌等工艺流程精制而成，口感细腻，香味浓郁，营养丰富，是理想的日常和早餐饮品。常温贮存，饮用方便。冷饮热饮均宜，冬季加鸡蛋热饮风味更佳。"一见钟情"牌植物蛋白饮料（花生露）2001 年 11 月通过中国绿色食品发展中心"绿色食品"认证，是河南省最早一批通过绿色食品认证的产品之一，先后获得"河南省免检产品""河南省名牌产品"、第二十届中国绿色食品博览会金奖、河南省"我最喜爱的绿色食品"等荣誉称号。

市场销售信息

开封市一见钟情花生饮品有限公司　联系人：郭亮　联系电话：0371-22720111　13503483733
公司网址：http://www.yjzq21food.com　其他销售渠道：零售、拼多多、淘宝网　团购：十荟团、兴盛优选、美团优选、橙心优选

八十八、开封市祥符区农丰农作物
种植农民专业合作社

获证产品：甘薯、白萝卜、白菜、莲藕、红萝卜、西瓜、花生

获证产品证书编号：LB-15-20061603867A　LB-15-20061603868A
LB-15-20061603869A　LB-15-20061603870A
LB-15-20061603871A　LB-15-18031601720A
LB-09-18031601721A

企业简介：开封市祥符区农丰农作物种植农民专业合作社于2011年3月3日成立，是河南省省级示范社，主要经营小麦、玉米、大豆、花生、瓜果、红萝卜、蔬菜、甘薯种植销售、脱毒薯苗培育销售，以及与种植有关的生产资料销售、种植技术指导、信息服务。合作社位于古都汴梁祥符区万隆乡农业园区，依托中原大地秀美的自然环境和丰富的水土资源，在现代化农业环境下开展绿色种植。合作社全体社员致力于为广大消费者提供真正绿色、健康的产品。

合作社在2012年获得市级示范社，2013年获得省级示范社和河南省优秀青年农民专业合作社，2019年获得万隆乡助力脱贫攻坚爱心企业等荣誉。合作社生产的红薯已通过无公害农产品认证，并注册了"豫薯源"商标，未来，"豫薯源"将着重打造现代化农业观光园，科学运用高新农业技术，将农业和旅游业相结合，实现农旅融合发展，让大众更好地感受现代化农业的魅力，也让"豫薯源"飞入寻常百姓家，使健康成为我们基地劳动者永远的追求。

产品介绍：甘薯与花生、西瓜并称为"开封沙土三大宝"，外观呈纺锤形，外皮紫红色，薯肉橙色，生食甜脆，熟食软糯香甜；营养价值高，富含蛋白质、淀粉、果胶、纤维素、氨基酸、维生素及多种矿物质。白萝卜是根菜类的主要蔬菜，生食熟食均可，略带辛辣味，营养价值丰富，为食疗佳品，素有"小人参"之美称，具有促进消化，增强食欲，加快胃肠蠕动和止咳化痰的作用。白菜是中国的传统蔬菜，叶大，呈倒卵状长圆形，顶端白色，圆钝，边缘皱缩，带有浅绿色或绿色，白菜营养丰富，菜叶可供炒食、生食，可做腌菜、酱菜等。莲藕外皮呈黄褐色，肉质肥厚、白色，味道微甜而脆，可以生食也可以做菜，烹饪方法多样，莲藕营养价值很高，生藕有清热凉血的功效，熟藕可益胃健脾。红萝卜根肉质，球形、根皮红色、根肉白色，红萝卜肉质细密，质地脆嫩，有特殊的甜味，并含有丰富的胡萝卜素、维生素C和B族维生素。合作社生产的西瓜甘甜爽口，品质好，耐储存，是消夏解渴的佳品。合作社生产的花生网纹纤细，果皮薄而坚韧，籽仁呈椭圆形、粉红色、有光泽、营养价值高，是农产品地理标志"开封县花生"授权产品。

市场销售信息

开封市祥符区农丰农作物种植农民专业合作社　联系电话：13723232419

八十九、开封市祥符区众香实业有限公司

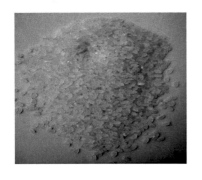

获证产品：大米

获证产品证书编号：LB-03-19021601217A

企业简介：开封市祥符区众香实业有限公司成立于2015年6月，公司地址位于开封市祥符区杜良乡兴汉路511号，主要经营范围：水稻、小麦种植，粮食收购、加工、销售。公司生产的"豫秀牌"杜良大米，2019年5月被农业农村部农产品质量安全中心评定为全国名特优新农产品；2020年4月被河南省农业农村厅评定为河南省知名农产品品牌。2018年11月被祥符区人民政府评为"返乡示范基地"；2019年11月被开封市人民政府评为"创业之星"；2019年8月获得河南省人力资源和社会保障厅返乡创业奖一等奖。公司有信心发展好农业，以现有基地为依托，带动辐射周边农户种植绿色粮食，并把绿色粮食加工成绿色食品回馈社会，让老百姓享用到更加安全、健康、放心的农产品。

产品介绍：大米种植地点位于黄河故道祥符区杜良乡境内，因多次受黄河水冲击灌溉，土质沙松肥沃（俗称"蒙沙金土"），矿物质丰富，四季分明，光照充足，独特的地理条件孕育出来的大米，粒大光滑、色泽透亮、营养丰富。经检测：大米中水分含量为14.7 g/100 g、蛋白质含量为7.85 g/100 g、脂肪含量为0.7 g/100 g、粗淀粉含量为77.14%、直链淀粉含量15.5%，以上指标均优于同类参考值。"豫秀牌"杜良大米，蒸饭香甜可口，筋而不硬，软而不黏，老少皆宜；粥饭清香宜人，汤汁如胶，再搭配适量山药红枣更是孕产妇及幼儿的理想粥饭。若想长期食用公司产品，夏季建议购买真空包装产品，置于冰箱保鲜室储藏，低温储藏后食用如同新米口感。

市场销售信息

开封市祥符区众香实业有限公司　联系方式：13837871905

九十、开封市祥符区绿神蔬菜种植农民专业合作社

获证产品：黄瓜、辣椒、茄子、番茄、苦瓜

获证产品证书编号：LB-15-19051604472A　LB-15-19051604473A

LB-15-19051604474A　LB-15-19051604475A

LB-15-19051604476A

企业简介：开封市祥符区绿神蔬菜种植农民专业合作社，成立于 2013 年 2 月，地址位于祥符区半坡店乡黄龙庙村村民委员会南侧，注册资金 1 100 万元，现有管理和技术人员 35 人。现有日光温室蔬菜大棚 100 座，吸纳返乡农民工 80 人，贫困和残疾人员 20 多人，主要种植黄瓜、番茄、苦瓜、辣椒、茄子等绿色蔬菜，年产量 300 多万千克，年产值 1 000 多万元，为农民人均年增收 1 万多元。2014 年被河南省妇女联合会评为"巾帼现代农业科技示范基地"，同年被河南省残疾人联合会评为"河南省农村残疾人扶贫示范基地"。2018 年注册"大宋御园"商标，2019 年 5 月通过绿色食品认证。合作社于 2020 年启动二期，计划流转土地 1 000 亩，投资 100 多万元，建成标准化陆地蔬菜和水果两块种植园；投资 200 多万元，建设育苗车间、冷库、果蔬深加工生产线，最终形成生产、加工、储存、销售等完整的产业链，不仅能提高抵御市场风险的能力，还能增加产品的附加值，为广大农民脱贫致富奔小康打下坚实的基础。

产品介绍：黄瓜果皮翠绿，皮薄籽少，果肉嫩绿多汁，甘甜爽脆，黄瓜味浓郁，能清热止渴，利水消肿，具有辅助减肥和降血糖的功效。推荐凉拌、煲汤食用。储藏温度在 2～7 ℃。辣椒为长圆锥形，果实绿色，有光泽，可搭配多种食材炒食，提味下饭，口感好。储藏温度在 8～12 ℃。茄子，果形为长圆形，表皮深紫色或黑紫色，光滑，有光泽，茄子是少有的紫色蔬菜，营养价值也独一无二，含有多种维生素及钙、磷、铁等矿物质元素，有抗衰老、降低胆固醇、保护心血管等功效。推荐清蒸、清炒食用。茄子可以储存在冷库内保鲜冷藏。茄子储藏温度在 10～12 ℃。番茄表皮红润，外形圆滑，汁多味甜。推荐凉拌、煲汤、清炒冷藏的温度在 2～4 ℃。苦瓜属于葫芦科一年生植物，圆柱形或者纺锤形，表皮浅绿色、多皱，营养丰富，性味甘苦寒凉，可消炎退热，且有明显降血糖的功效。推荐凉拌、清炒、煲汤。推荐温度 12～13 ℃，相对湿度 85% 左右的冷库内储存。

市场销售信息

开封市祥符区绿神蔬菜种植农民专业合作社　联系人：刘克旺　联系方式：18738998711

九十一、开封市龙亭区黄泮农作物种植农民专业合作社

获证产品名称：车厘子

获证产品证书编号：LB-18-21011600474A

企业简介：开封市龙亭区黄泮农作物种植农民专业合作社位于开封市龙亭区柳园口乡大姚寨村北街19号，目前占地百余亩。该社引进美早、早大果等数个欧美车厘子树种，经过十余年的精心培育，形成一定规模的车厘子果园。本着绿色种植为基础，精准管理，改进施肥等方式，提高有机肥料利用率；并使用喷灌、滴灌等水肥一体化措施，提高水资源利用率；通过绿色防控和科学使用生物药品，提高病虫害综合防治水平。该社在绿色农业发展的道路上，不畏风雨，砥砺前行！

产品介绍：该社生产的车厘子符合国家绿色食品A级标准，获得绿色食品证书。黄河流域形成长期稳定的小气候，远离城市，无污染，昼夜温差大，易于果实储藏糖分。因采用露天种植，空气流通，光照充足，自然授粉，果品优质，个大多汁，酸甜可口，营养丰富，富含大量维生素和铁元素，有益于身体健康。

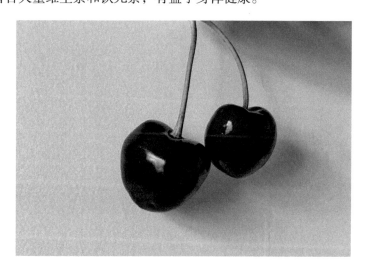

市场销售信息

开封市龙亭区黄泮农作物种植农民专业合作社　联系人：务孟敬　联系方式：13603787722

九十二、开封市大自然菊业发展有限公司

获证产品：菊花

获证产品证书编号：LB-45-19071607005A

企业简介：开封市大自然菊业发展有限公司是一家集菊花种植、菊类相关产品研发、菊产品精深加工及销售为一体的菊花全产业链公司。公司现有 2 000 m² 加工车间和100 余亩菊花生产示范基地，专业科研技术人员 6 位。研发产品涵盖菊花茶用、食用、药用、饮用、酿用五大类，公司生产的"大自然菊茶"为中国农产品地理标志产品。公司秉承绿色、生态、健康、环保的理念，以"挖掘菊花内涵、传播菊花文化、创新菊花应用、发展菊花产业"为宗旨，努力打造中国菊类产品的知名品牌。2017 年大自然菊茶被评为"开封礼物"；同年，参加第十届中国国际农产品交易会，获优秀参展品牌；获消费者喜欢的"绿色产品上榜品牌"；2019 年"大自然菊茶"被认定为绿色食品 A 级产品及全国名特优新农产品；2021 年"大自然菊茶"基地被评为"省级农产品地理标志示范基地"。

产品介绍：公司现已成功开发出大自然菊花艺术茶、菊花养生茶、菊花绿茶 3 种系列菊茶产品，并推出大自然菊花保健枕、菊花蜂蜜等养生产品。公司主要产品"大自然菊茶"所选用的菊花，是从 36 个茶用菊品种中经反复实验、比对，最终选定的金丝大菊。其花形硕大、花瓣娇美、金黄艳丽，茶汤鲜亮澄明、晶莹剔透；入口甘绵不断、清香扑鼻。茶汤鲜亮澄明、含有大量类黄酮素、多种氨基酸、维生素和微量元素，适宜长期饮用。一经推出即获得广大消费者的认可和喜爱。

市场销售信息

开封市大自然菊业发展有限公司　联系人：许承程　联系电话：15664281728